野菜作り 達人のスゴ技100

かゆいところに手が届く!

加藤正明

NHK出版

家庭菜園も4年目。
いろんな野菜にチャレンジしてきた。
最初の年はトマトがたくさん、とれたなあ
でも…
なんだかうまく育たない野菜がいっぱいあった！
グチャグチャ…
ギャー！
ひえー！
穴だらけ！
生育がバラバラ！

今年こそ
もっとうまく
育てたい……
そうだ！
達人に聞いてみよう！
たっじ〜ん！
ハイハイ！
たとえば
「生育がバラバラ」
な原因だけでも
●畝《うね》に肥料が均等に
混ざっていなかった
●畝の真ん中がへこんでいた
●タネをまく穴の深さが
不ぞろいだった……など
理由は1つじゃない！
たくさんの原因が
考えられますね
小さな技がたくさんあるんだ
達人、そのスゴ技を
教えてください！
まとめて100個
伝授しましょう！
100

CONTENTS

PART 1 「栽培以前」の基本の技術

「栽培以前」の基本の技術……9

きっちりやるから、あとがラク!

野菜作りの「達人」。体験農園の園主として、またプロの農家としての豊富な経験から、家庭菜園でおちいりがちな失敗を防ぐ、さまざまなスゴ技を教えてくれる（詳しくは１２８ページ）。

スゴ技1 これで達人級！ クワ使いのコツ……10
豆ワザ! 作業前にクワを水につける!
スゴ技2 耕す広さ・深さは？……12
スゴ技3 元肥は有機質肥料と化成肥料を使い分ける……13
スゴ技4 きっちり畝立て。エッジは斜め45度！……14
スゴ技5 平らな畝の仕上げは、塩ビ管で……16
スゴ技6 高い畝と低い畝を使い分ける……17
スゴ技7 1人でマルチをピンと張る！……18
スゴ技8 マルチの規格を知っておこう……20
スゴ技9 トンネルを上手にかける・めくる……21
スゴ技10 誘引上手は育て上手！……24
スゴ技11 支柱立てをマスターしよう……26
合掌仕立て……27
ピラミッド仕立て……28
スクリーン仕立て……30
あんどん仕立て……31
豆ワザ! あんどん支柱を補強する
スゴ技12 合体！ 3つの仕立てを1つの畝で……32
スゴ技13 体のパーツで測ろう……34
スゴ技14 作ると便利！ 支柱の「ウマ」……36

PART 2

四季の管理術……37

●春の管理術
スゴ技15 菜園プランは、隣り合う野菜選びも大切!……38
スゴ技16 長ネギの植えつけ前に2作できる!……39
スゴ技17 省スペース! リレー栽培のすすめ……40
スゴ技18 苗の老化を見極める……41
スゴ技19 施肥の深さは、根鉢との距離で考える……42
スゴ技20 米ぬか、魚粉で果菜類がおいしくなる!……43
スゴ技21 しっかり根づく! 植えつけのコツ……44
スゴ技22 仮支柱で苗を守る!……45
スゴ技23 早期の除草で、10年後の畑を美しく!……46
スゴ技24 タネまきは、まき溝の深さを一定に……47
スゴ技25 タネまき後の鎮圧で、発芽率アップ!……48
スゴ技26 不織布のゆったりがけで、生育促進!……49
スゴ技27 間引きは、発芽しなかったところを起点に!……50
●夏の管理術
スゴ技28 畑の水やりは、ほどほどに!……51
スゴ技29 大雨注意報が出たらやっておくことは?……52
スゴ技30 雨のあとには、中耕をする……53
豆ワザ! 使いながら土を落とす
スゴ技31 肥料の過不足は、花、葉で見極める!……54
スゴ技32 芽かきなどの管理作業は、晴れた日に!……54
スゴ技33 育ちが悪い株を回復させるワザ……55
スゴ技34 鳥や小動物から、大事な野菜を守る!……56
スゴ技35 収穫後に味を落とさない!……57
スゴ技36 夏野菜は、いさぎよく終わらせる!……58

PART 2 四季の管理術

スゴ技37 栽培後の片づけこそ、手間を惜しまない！……59
スゴ技38 収穫後の茎葉で、良質な堆肥ができる！……60
スゴ技39 太陽熱消毒は、畑のリセットに最適！……61
スゴ技40 果菜類の夏植えに挑戦してみよう……62……豆ワザ！ 夏キュウリがおすすめ！
スゴ技41 夏のタネまき・植えつけには、遮光ネット！……63
スゴ技42 地床育苗で、丈夫な秋冬苗を作る！……64

●秋の管理術

スゴ技43 秋冬のプランニングこそ「日陰」を意識！……66
スゴ技44 アブラナ科の大敵！「根こぶ病」に備える……67……豆ワザ！ 根こぶ病に悩むならダイコン！
スゴ技45 葉もの野菜こそ、マルチを張るべし！……68
スゴ技46 多品目栽培には、15㎝穴あきマルチが便利！……69
スゴ技47 防虫ネットで「べっぴん野菜」を作る！……70
スゴ技48 品種の早晩性で、リレー収穫！……71
スゴ技49 ダイコン、小カブは「1回間引き」で！……72
スゴ技50 葉もの野菜は夕方に収穫する！……73
スゴ技51 根菜を鮮度を保って持ち帰るコツ……74……豆ワザ！ 手も野菜も汚さず、きれいに収穫！

●冬の管理術

スゴ技52 霜に当てたい野菜、注意する野菜……75
スゴ技53 真冬のトンネル栽培は、ダブルがけ！……76
スゴ技54 秋冬野菜の残渣は、土にすき込む！……77
スゴ技55 米ぬかを使った「寒起こし」でうまみをアップ……78
スゴ技56 3年ごとに植物性堆肥で「お礼肥」しよう！……79……豆ワザ！ 5年に1回は下層土を砕こう
スゴ技57 道具のメンテナンスで劣化を防ぐ！……80
COLUMN 「体験農園」は、こんなところです……82

PART 3

野菜別プラスαのテクニック

……83

● 春夏スタートの野菜
エダマメ……スゴ技58 「根切り」をして実つきをよくする!……84
エダマメ……スゴ技59 夏まき秋どりは、濃厚なコクが味わえる!……85
インゲン……スゴ技60 「つるなし種」が柔らかくて、おいしい!……86
トマト……スゴ技61 2か所で根を張らせ、長期間収穫!……87
トマト……スゴ技62 どっさり収穫!「2本のループ仕立て」……88
豆ワザ! ねじりながら誘引を
トマト……スゴ技63 丈夫さならつぎ木苗、本来の味なら自根苗!……90
ナス……スゴ技64 散水シャワーでナスの夏バテを解消!……91
ピーマン、シシトウ……スゴ技65 花のつきすぎ注意! 摘蕾・摘花・摘果を……92
キュウリ……スゴ技66 8～10節で摘心し、よい子づるを出す!……93
カボチャ……スゴ技67 実をつける手前の追肥で、味をよくする!……94
スイカ……スゴ技68 遮光ネットで実がうだるのを防ぐ……94
スイカ……スゴ技69 おいしいとりどきは、巻きひげを見よ!……95
トウモロコシ……スゴ技70 風で倒れても、手で起こすべからず!……96
オクラ……スゴ技71 先端を折ってみて、食べられるかを判断……97
ジャガイモ……スゴ技72 タネイモは縦に切るべし!……98
豆ワザ! まるごと使うタネイモはへそを切る
ジャガイモ……スゴ技73 深植え厳禁。浅植えで失敗なし!……99
豆ワザ! 米ぬかでそうか病を予防!
サツマイモ……スゴ技74 さし苗をしおれさせない工夫……100
サツマイモ……スゴ技75 植え方で太り方が違う。おすすめは斜め植え……101
サトイモ……スゴ技76 マルチで保湿すると、イモが大きく育つ!……102
ニンジン……スゴ技77 点まきでタネを節約&間引きも手軽!……103
ゴボウ……スゴ技78 袋栽培で、ラクラク収穫!……104
ミョウガ……スゴ技79 3～4年に1回の植え替えで、収穫量アップ!……105
ニラ……スゴ技80 「捨て刈り」と植え替えで、よい葉を作ろう……106

PART 3
野菜別プラスαのテクニック

長ネギ……スゴ技81 晴れ続きなら葉先を切ろう……106
スゴ技82 支柱を使えば、植えつけ時に苗が倒れない……107
スゴ技83 とりたい太さで株間を変える……108
スゴ技84 長ネギの苗は自作して、葉も食べるべし！……108

●秋冬スタートの野菜
ダイコン……スゴ技85 まっすぐな根は、深耕精耕と……!?……110
スゴ技86 リレー収穫で、3週間おいしさを堪能！……111
小カブ……スゴ技87 生育スピードが速いとおいしい！……112
豆ワザ！ 収穫は朝のうちに！
キャベツ……スゴ技88 成長点を食べられてしまったら？……113
カリフラワー……スゴ技89 花蕾を白く！ 美しく！……114
ブロッコリー……スゴ技90 側花蕾兼用品種で、小さい蕾も食べる！……115
豆ワザ！ 茎の部分もおいしい！
ハクサイ……スゴ技91 マルチ穴を一つとばして、直まきで！……116
豆ワザ！ 結球しなかったら？
コマツナ……スゴ技92 手のひらサイズがおいしい……116
ミズナ……スゴ技93 葉が折れやすい！ 傷めず収穫するには？……117
ホウレンソウ……スゴ技94 10月中旬まきが、いちばんお得！……118
レタス……スゴ技95 最大の敵、アブラムシから株を守る！……119
タマネギ……スゴ技96 苗を水につけ、やや深植えにする！……120
スゴ技97 秋に植えられなかったら、春でも間に合う！……121
ラッキョウ……スゴ技98 深植えにすると、エシャレットが美味！……122
ソラマメ……スゴ技99 アブラムシは早めに退治！……122
エンドウ……スゴ技100 秋に忘れたら、春にまくべし！……123
まだある！ 野菜別豆ワザ集……124
あとがき……126

本書について

●「堆肥」は完熟牛ふん堆肥、化成肥料はN-P-K=8-8-8、有機配合肥料はN-P-K=3-9-10（有機質と無機質の両成分入り）のものです。
●栽培時期などは、中間地（東京都）でのものです。お住まいの地域の気候に合わせて栽培してください。
●2020年2月現在の情報です。

「栽培以前」の基本の技術

PART 1

畝立て、マルチ張り、
はたまた誘引や支柱立てまで、
実際にタネをまいたり、
苗を植えたりする前に知っておきたい
基本的な作業を紹介します。
ていねいにやっておくほど、
あとの野菜の育ちがよくなりますよ。

スゴ技 1

これで達人級！ クワ使いのコツ

クワは家庭菜園で最もよく使う道具。土を耕して畝《うね》を立てたり、溝を作ったりと、これがなくては始まりません。クワの刃と柄の角度はさまざまですが、畝立てなどの作業には、鈍角（約60度）のものが使いやすいでしょう。

クワで耕すとき、よくあるＮＧ行動の一つが、「すくい上げた土を手前に引っ張る」ことです。これは腕を伸ばしすぎて、自分の体から遠い位置にクワを下ろし、刃を垂直にさし込んでしまっていることが原因。苦土石灰《くどせっかい》や肥料をまいたあとに、こうした耕し方をしてしまうと、肥料などがどんどん手前に寄せられ、畝全体に均一に混ざりません。

正しい耕し方の基本は、ひじが体から遠く離れないようにして、腰の高さまでクワを持ち上げ、刃先が斜め45度になるように土にさし込むこと。そして、「土をすくい上げたら、その場に落とす」つもりで、少しずつ耕していきます。

ほかによくあるＮＧ行動は、「耕した土を自分で踏む」こと。耕すときは後退しながら、が基本です。後退しながら耕しているつもりでも、遠くを耕そうとして耕うん済みの場所を踏みつけてしまうことも。無理せずクワが届く範囲を目安に、自分の立ち位置を変えながら耕すのがベターです。

また、硬い地面をいきなりクワで耕すのも避けてください。まずはスコップを深さ30㎝程度までしっかりさし込み、5～10㎝刻みで掘り起こして土を軟らかくしてから、クワで耕しましょう。

作業前にクワを水につける！

クワの柄の部分が乾燥して収縮すると、接合部がゆるみ、がたついてしまう。そこで、使用前に刃と柄の接合部を水につけ、水分を含ませて木部を膨張させる。その後、平らな場所に置いた木材の上に柄の先端を打ちつけると、刃が下がり、しっかりと固定される。

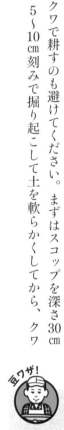

①

まず、スコップで畝よりやや広めの範囲を掘り起こす。5～10㎝刻みで、足で体重をかけて刃全体を土に入れる。

②

掘り上げた土はその場で横に倒すようにして戻す。後退しながら全面をひととおり掘り起こしたら、土の塊を足で踏み、ほぐしておくと、クワで耕しやすい。

③

クワは利き手で柄の先端を、もう一方の手で中間あたりを持つ。腕に力を入れすぎない。

④

腰の高さまでクワを持ち上げ、刃先が斜め45度に入るように土に入れる。すくい上げた土はその場に落とすようにして、下図のような動線で全体を耕す。

クワで耕すときの動線

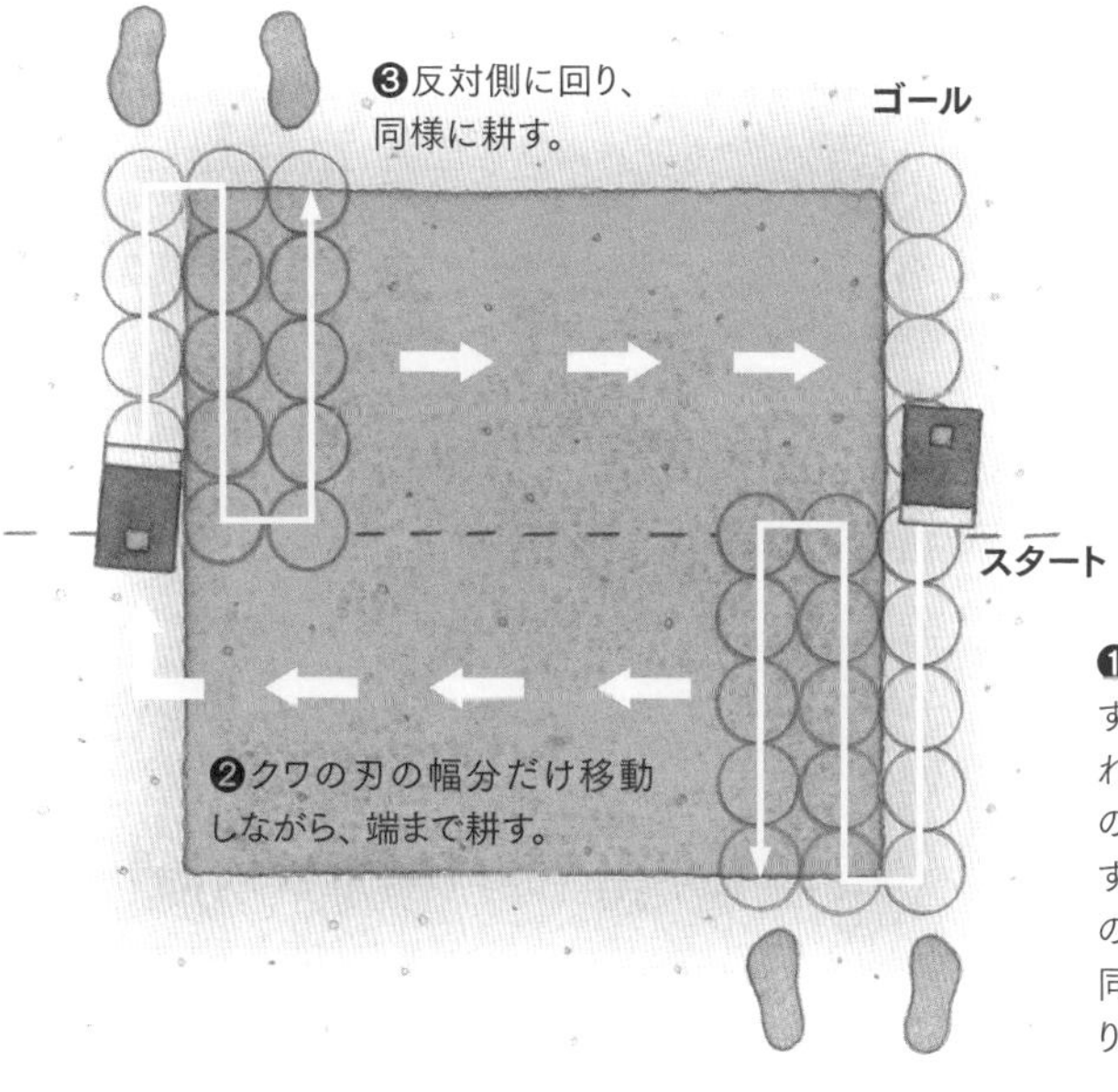
❸反対側に回り、同様に耕す。
ゴール
スタート
❷クワの刃の幅分だけ移動しながら、端まで耕す。
❶畝の半分を目安に耕す。○印ごとにクワを入れ、すくい上げた土をその場に落とす、を繰り返す。手前まで耕したら刃の幅分だけ左に移動し、同様に耕す。畝より一回り広く（約15㎝）耕そう。

スゴ技 2

耕す広さ・深さは？

畝を立てて野菜を育てると、育つにつれて根が伸びていきます。地中では畝のラインに壁があるわけではないので、通路のほうにも伸び出していきます。そこで、耕す広さは畝より一回り（約15㎝）広い範囲までとします。最初にスコップで土を掘るときはもちろん、苦土石灰や肥料を入れてクワで耕すときも、同様です。

次に深さを考えてみましょう。最初にスコップで掘るときは、刃がすっかり埋まる程度の深さ（約30㎝）まで、しっかりと掘り起こします。地中の土を軟らかくしておくことで、根が酸素不足になったり、根菜類の根が二叉（叉根《またね》）になったりすることを防ぐことができます。

しかし、苦土石灰や肥料を全面にまくときは違います。野菜作りに必要な苦土石灰や肥料の分量は、一般的に深さ10～15㎝の土の体積を想定して算出されています。肥料などの効果を最大限に生かすためには、耕す深さは10～15㎝を目安にしましょう。クワを45度の角度で土に入れていると、深さはほぼその程度になります。

また、スコップで土を掘り起こしたあと、そのまま石灰をまくと、デコボコした土の下などに潜ってしまい、10～15㎝より深い場所に入ってしまいます。スコップで掘ったあとは一度クワで耕して表面を平らにし、そのあとで石灰をまき、均一に混ざるように耕しましょう（10ページ参照）。

【○】クワの刃を土に対して約45度の角度でさし込むと、深さ15㎝ほどになる。
【×】クワの刃を垂直気味にさし込むと、深さ20㎝近くに入り込んでしまう。

スゴ技 3

元肥は有機質肥料と化成肥料を使い分ける

しっかり堆肥を施した畑なら、化成肥料でも有機質肥料でも、野菜はきちんと育ちます。肥料の性質、野菜のタイプ、季節などによって使い分けましょう。

トマト、エダマメなど春から育てる果菜類は、特に味をよくしたいと思うもの。有機質肥料は、そのメリットである「おいしくなる」に加え、「効き方がゆっくり」で「突然の肥料切れがない」という点も、栽培期間が長い果菜類向きです。そこで、私は春作の野菜の元肥《もとごえ》に、有機配合肥料（数種の有機質肥料と化成肥料を混ぜたもの。チッ素分控えめのタイプ）を使っています。

自分で肥料を配合することもできます。有機質肥料には油かす、魚粉、米ぬかなどがありますが、1～2種類の肥料成分に特化したものが多いので、多種を混ぜてチッ素、リン酸、カリなどの肥料成分のバランスをとるのがおすすめ。下の組み合わせを例に、マイブレンドを作ってみてください。春は気温が上昇して生育旺盛になるので、チッ素分が多いと葉もの野菜は徒長し、果菜類はつるボケしやすいため控えめに。また、化成肥料を混ぜる場合は、配合した有機質肥料の全体量の30％程度を目安にします。

一方、秋作は徐々に気温が下がっていく時期です。キャベツやハクサイなども比較的、栽培期間が長い野菜ですが、肥料を早めに効かせて葉を育てたほうが、大きな球に育ちます。そこでスタートダッシュが大切な秋作では、元肥にも追肥にも化成肥料を使います。春に施した有機質肥料の効果も残っているので、味も文句なしです。

有機質肥料の配合例

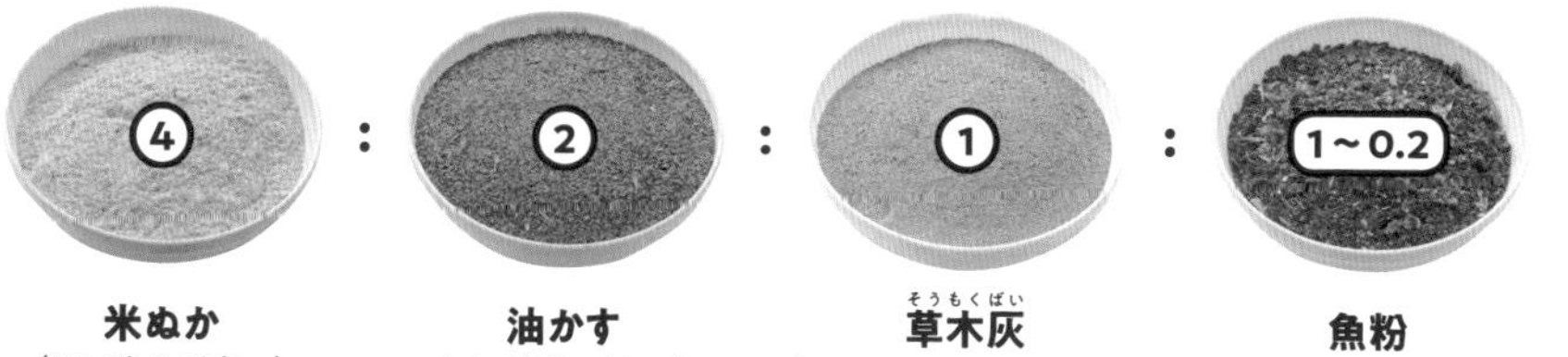

米ぬか
（リン酸分が多い）

油かす
（チッ素分が多い）

草木灰《そうもくばい》
（リン酸分・カリ分が多い）

魚粉
（チッ素分、リン酸分が多い）

スゴ技4

きっちり畝立て。エッジは斜め45度！

酸度調整を済ませて元肥を入れたら、いよいよ畝を立てます。まっすぐで平らな畝が整然と並んでいると、「できるな！」という畑の景色になりますよ。

畝立てで大切なのは、土の表面の高低差が出ないよう、平らにならすことです。畝の表面にデコボコがあると、くぼんだところに水たまりができます。ここに苗を植えたり、タネをまいたりすると、常に水がたまり、過度に湿った状態になることから、生育不良になってしまいます。また、病害虫の温床にもなります。

栽培スペースを区切る間縄《けんなわ》を張り、内側に土を盛ったら、クワの刃のサイドの部分を使い、ざっと表面をならします。あれば、レーキを使ってもよいでしょう。高低差を見ずに全体をならしたり、土がくぼんでいるところからスタートしたりすると、低いところの土が高いところに移動してさらにデコボコになるので、必ず土が盛り上がっているところから低いところへと動かします。最後に塩ビ管（塩化ビニール製のパイプ）などを使い、表面が平らになるように整えます。

また、最後に畝のエッジ（畝の「肩」と呼ばれる部分）をクワで削って、斜め45度に整えるように心がけましょう。垂直に立ち上がっていると畝が崩れやすいだけでなく、マルチを張ったとき周囲にのせた土の圧力がかかる面積が狭くなり、マルチのすそが抜けやすくなってしまうためです。斜め45度にすることにより、すその広い面積に土の重みがかかり、のちのちマルチがはがれにくくなります。

①

間縄を張り、まずは畝の短い辺からスタート。間縄の外側にクワを入れ、土をすくって後退しながら内部に土を盛り上げる。

②

長い辺も同様に、後退しながら、間縄の外側の土をすくって内側に盛り上げる。この動作を繰り返して1周する。

③

クワの刃のサイドで表面をならす。畝全体を見回し、土が盛り上がっているところからくぼんだ部分へ、土を移動させて均等にならす。

④

さらに表面をならす。塩ビ管などを左右に大きく動かし、高いところから低いところへ土を移動させて平らにする。見る位置や角度を変えて、数回繰り返す。

⑤

間縄を外し、畝の周囲のエッジ（畝の「肩」と呼ばれる部分）をクワで斜め方向に削り、斜め45度に整える。

エッジを地面に対して斜め45度にしておくと、マルチのすそに土の重さがしっかりかかり、はがれにくくなる。

⑥

クワでエッジを整えると、肩の部分に土が盛り上がるため、もう一度塩ビ管などでならす。これでマルチが畝の表面にぴったり沿う。

⑦

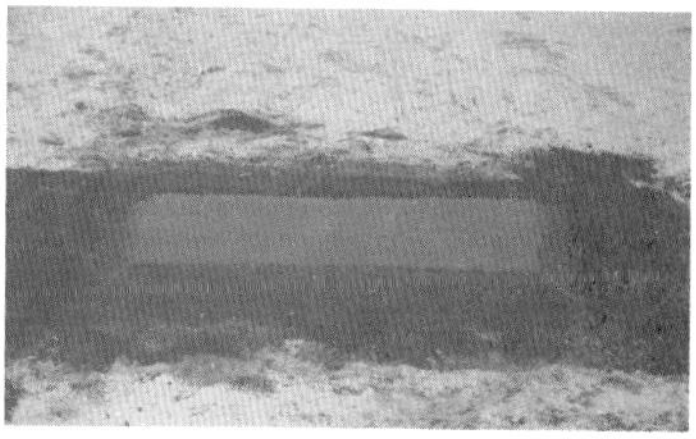

完成。表面にデコボコがなく、エッジもしっかり立っている。

スゴ技 5

平らな畝の仕上げは、塩ビ管で

畝の表面を平らにすることは、畝立ての基本中の基本。表面がデコボコでは、そのあとに作るタネまき用の溝もデコボコになりますし、発芽がそろわず、のちの生育にも響いてきます。最初にきっちり手をかけるべきところなのです。

表面をならす道具としてはレーキのほか、一般的に厚さ1㎝ほどの板が使われています。表面を削るように左右に動かせば平らにできますが、前後に均等に力をかけにくく、慣れない人は板の角の部分でへこみをつけてしまいがちです。

そこでおすすめなのが、ホームセンターなどで市販されている塩ビ管（塩化ビニール製のパイプ）です。軽くて持ちやすく、耐久性があり、板と違って角がないため作業に慣れない人でも平らな畝を作りやすい優れもの。直径6～7㎝、長さ60～70㎝のものがよいでしょう。

畝の表面を平らにするときは、クワの刃のサイドなどを使って、まずざっと表面をならし、その後、塩ビ管でならします。畝の長辺側に立ち、塩ビ管の中ほどを手で軽く持ち、土の上を滑らせるように大きく左右に動かします。反対側の長辺にも回って傾斜をチェックし、再度ならすと全体が平らになります。ならしたあとで表面に土の塊や小石が出てきたら、取り除いてくぼんだ部分に畝の外の土を少し足し、再度ならします。

マルチや不織布をロールで購入している方は、その芯を使う手もあります。紙製なので耐久性に欠けますが、塩ビ管同様に使えます。

塩ビ管は直径6～7㎝のものが使いやすい。力を入れすぎず、スーッと軽く動かすのがコツ。

畝の中央がへこんでいたため、発芽が不ぞろいのミズナ。

スゴ技 6

高い畝と低い畝を使い分ける

畝は高さによって、高畝（高さ10㎝以上）と平畝（高さ10㎝未満）があります。畝を高くすることによって水はけがよくなるため、トマトやスイカ、カボチャなどの乾燥を好む野菜は、高畝で育てると生育がよくなります。水はけのよい土を好むサツマイモも同様です。一方、平畝に向くのは、ナス、サトイモ、ショウガ、ミョウガなど乾燥が苦手な野菜や、タネまき後の保湿が重要なニンジン、根が浅く広く張るキュウリ、土寄せが必要なジャガイモなどです。

しかし、これは水はけのよい畑の場合。畝の高さは、その土地の土質を考えて決めなければいけません。

植物の成長には、水と同じく空気も必要です。水はけのよい畑では、畝が低くても根が空気を取り込むことができますが、粘土質で水はけの悪い畑では、土が乾きにくいため根が呼吸できず、やがて腐ってしまうこともあります。もし畑が粘土質で水はけが悪い場合は、平畝向きの野菜でも、高畝にして育てたほうがよいでしょう。

一方、サラサラした砂のような水はけのよすぎる乾きやすい畑では、低い畝にすれば乾燥を防ぐことができます。このような畑で畝を作る際は、間縄の外側から内側へと土を盛り上げるときに、クワですくい上げた土を全て盛らず、控えめにしてならすと、低い畝になります。土を盛らず、周囲に溝を掘るだけの畝にすると、さらに水もちがよくなります。

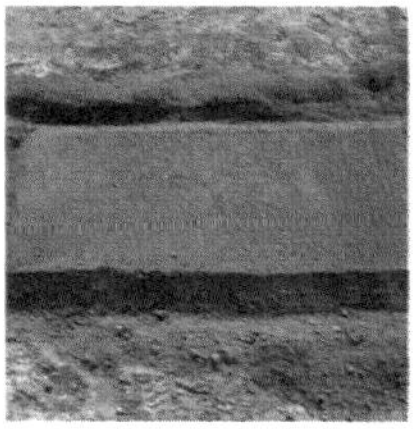

一般的なのは高さ10㎝未満の平畝。乾燥が苦手な野菜や根張りが浅い野菜などの栽培に。

高さ10㎝以上の高畝は、水はけをよくしたいときや、乾燥を好む野菜の栽培などに。

スゴ技 7

1人でマルチをピンと張る!

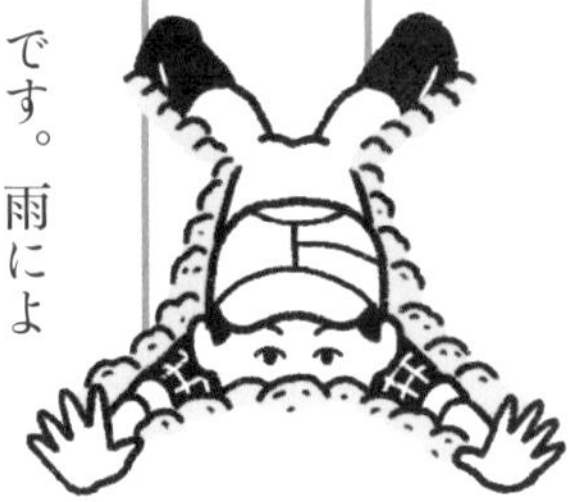

保温や保湿、雑草防除などの目的で畝に張るのがマルチ（ポリマルチ）です。雨による泥のはね上がりを防ぐので野菜が汚れず、病気を防ぐ効果もあるため、面倒でも張っておくと生育がよくなります。さまざまな色がありますが、地温上昇と雑草防除の効果をねらうなら黒マルチ、春先や晩秋の栽培で特に地温を上げたいなら透明マルチを選びます。

マルチを張る際は、なるべくピンと張るのがコツ。マルチの表面にしわやたるみがあると、バタバタと風にあおられ、野菜を傷めてしまったり、水たまりができて病気の一因になったりします。畝もきっちり立て、そこに沿わせるように張っていきましょう。

一人でもしわなくピンと張るコツは、いきなりマルチのすそにクワで土をかけるのではなく、まずは要所要所を土で仮留めすること。まずは一方の短辺側でマルチのすそを足で踏み、押さえながら土をのせて仮留めします。反対側に回り、マルチをピンと引っ張った状態で足で踏み、こちらも仮留めしましょう。長辺は、足を大きく開いて両サイドのマルチを踏み、ピンとさせながら手で土をのせていきます。

ちなみに、マルチは土に埋める部分の長さ（片側約20㎝）を勘案して、畝の長さ＋40㎝ほどの長さのものを用意します。もし、仮留めの際に長すぎた場合は、内側（地面側）に折り込んで土に埋めましょう。外側に折るより土の重みがしっかりとかかり、また、雨などで土が流された場合にも、すそが地表に露出しにくくなります。

透明マルチ

日光を通すため地温を上昇させる効果が高い。早春や晩秋など気温が低い時期におすすめ。

黒マルチ

日光を通さないので雑草の繁茂を防ぐ。透明タイプほどではないが地温上昇の効果も。

①

切ったマルチを畝にかぶせ、短い辺の片側を土で仮留めする。風上側から始めるとマルチが風下に広がり、作業しやすい。

②

反対側に回り、マルチを両手で引っ張りながら両足で踏んで押さえる。手でマルチのすそを引っ張りながらもう片方の手で土をかぶせて、短辺と角を仮留めする。

③

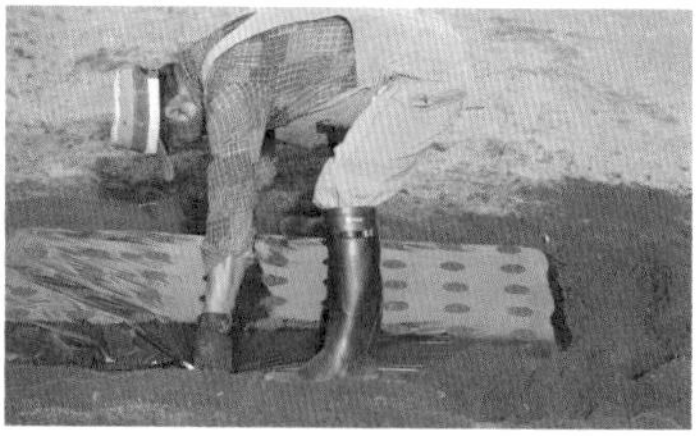

マルチの長い辺のすそを両手で斜め前方向に引っ張り、しわのない状態にする。両足ですそを踏んで押さえる。

④

長い辺のすそを踏みながら前方に1歩ずつ進み、同様にすその部分に手で土をかぶせて仮留めする。

⑤

端まできたら、土中に手を入れて最初に埋めたすそを引っ張り、たるみをなくす。

⑥

全体を見回し、しわやたるみが目立つ部分があれば、サイドから引っ張って調整する。斜めのしわを見つけたら垂直方向にマルチを引っ張るときれいになる。

⑦

仕上げる。マルチのすそから10～15㎝外側にクワの刃を入れて土をすくい、仮留めした部分にさらに土をのせて固定する。

⑧

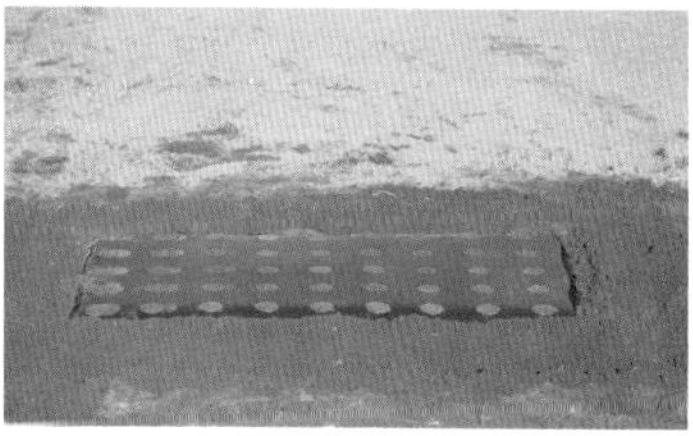

完成。ピンと張ったマルチは、まるで鏡のよう。自分の姿が映り込めば大成功！

スゴ技 8

マルチの規格を知っておこう

畝に張るマルチをホームセンターで探したり、インターネット通販で注文しようとしたりしたときに、サイズの表記が暗号のようでわからないことはありませんか。農業用資材には、まだまだ専門的な表記も少なくありません。マルチの場合、「９２３０」といった4桁の数字で、幅、列の数、株間が表されます。

最初の「９」は幅95㎝の十の位の部分です。95㎝なら「９」となります。ホームセンターなどに並ぶマルチの幅は大半が95㎝で、これより広い１３５㎝幅の場合は「３」、１５０㎝幅の場合は「５」になります。

次の「２」は列数で、「２」なら2列、「５」なら5列に穴があいています。穴の大きさには大穴、中穴、小穴があり、1列の場合は直径80㎜の大穴が、2列・3列の場合は直径60㎜の中穴が、4列以上の場合は直径43~45㎜の小穴があいているなど、用途が多いパターンのものが売られています。また、2列や3列の場合は、互い違いの千鳥状に穴があいていることもあります。

最後の「30」は株間で、30㎝間隔で穴があいているという意味です。株間のサイズには、15㎝、24㎝、27㎝、30㎝、35㎝などがあります。

トマトやナスの栽培には「９２３０」、ハクサイには「９２４５」、レタスには「９３３０」、タマネギやホウレンソウには「９５１５」など、栽培する野菜に合わせて選びましょう。

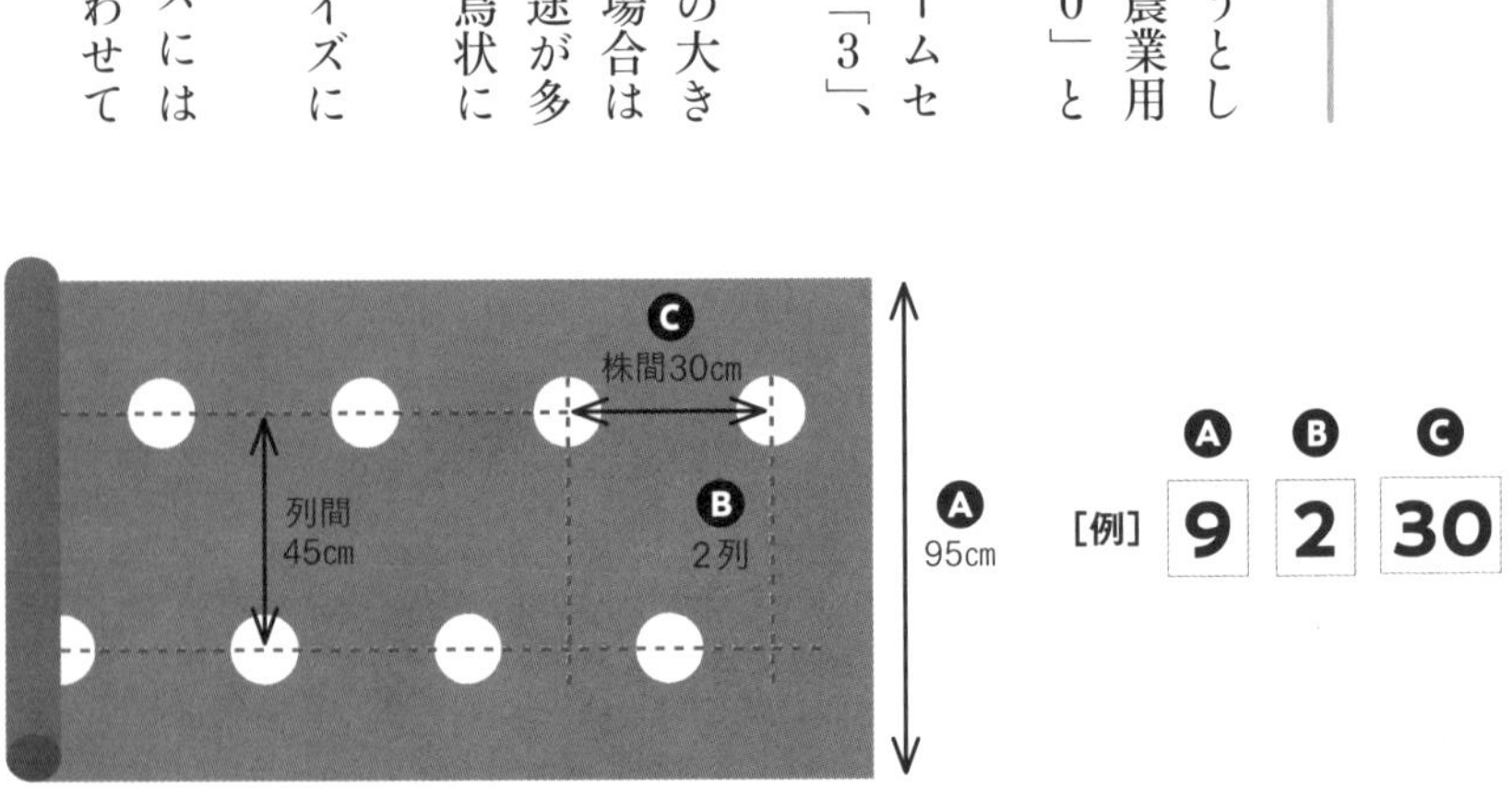

C
株間30㎝
列間
45㎝
B
2列
A
95㎝
A B C
[例] 9 2 30

◎商品によって規格表示が異なるもの、規格表示がないものもあります。

スゴ技 9

トンネルを上手にかける・めくる

株を守るために畝全体にアーチ状に支柱を立て、被覆資材を張ることを「トンネルがけ」といいます。トンネルがけには、防虫ネットを張る場合と、冬期に保温シートを張る場合がありますが、かけ方は同じです。まず、重要なのが骨組み。トンネル用支柱は高さをそろえて、まっすぐにさしていきましょう。支柱を畝から遠い位置にさすと骨組みの高さが足らず、野菜がすぐにつかえてしまいますので、さす位置も大切です。

被覆資材をかけるときは、防虫ネットの場合は害虫が、保温シートの場合は冷気が入り込まないように、すき間を作らないのがコツです。長さが足りない、ということがないように、十分な長さの被覆資材（畝の長さ＋約２ｍ）を用意します。また、畝の周囲に溝がないと作業しづらいので、最初に7～8㎝深さの溝をぐるりと1周、掘っておくとよいでしょう。

防虫ネットなどを張ったあと、栽培管理でネットをめくる機会があります。乱暴にすると、埋まっていたすそから土が落ち、野菜にかかってしまいます。すそを地中から出したら、軽く土を落とし、すそを外側にクルクル丸めるようにしてめくると、土が落ちません。

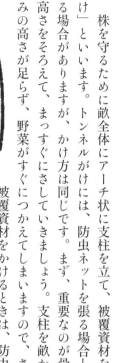

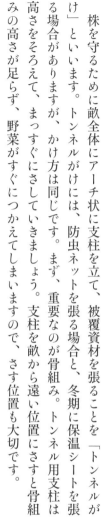

基本のかけ方

①

最初に骨組みを作る。まず、マルチから5㎝ほど離れた場所に、トンネル用支柱をさす目印（支柱など）を置く。

②

目印の支柱に沿って、トンネル用支柱をさす。最初に両端にさし、60～70㎝間隔になるように間にもさす。

③

さす深さは30㎝程度が目安。トンネル用支柱には「ここまでさす」という目印の切れ込みがあるものが多い。

④

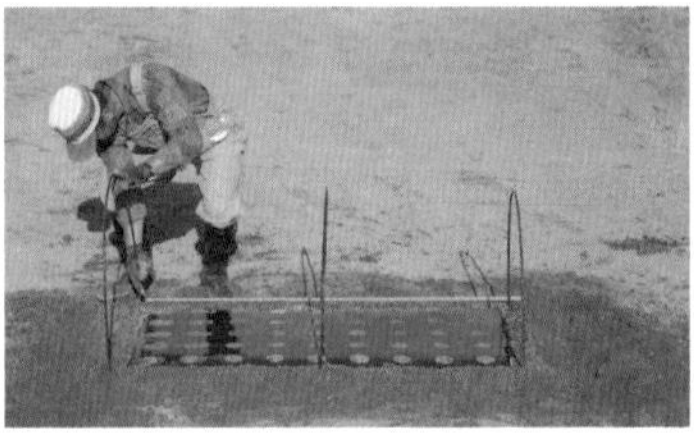

反対側に目印の支柱を移動。畝をまたぐようにして、トンネル用支柱を目印に沿ってさしていく。さす位置、深さをそろえるのがポイント。

⑤

防虫ネットなどの被覆資材を骨組みの上にかぶせる。

⑥

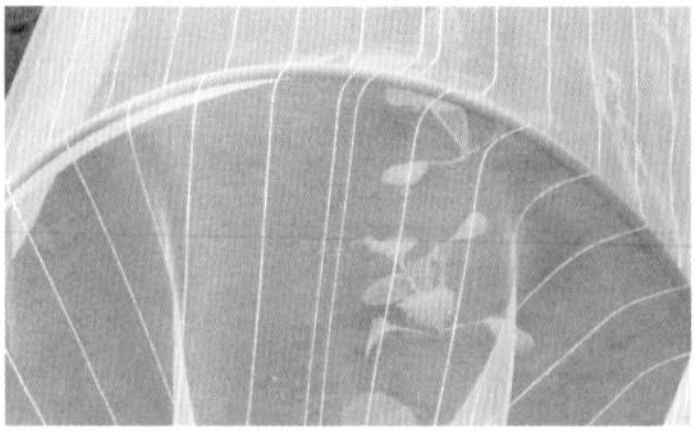

防虫ネットの場合、センターが二重線や色付き線になっていることもある。あれば、ここが中心になるようにする。

⑦

端を引っ張りながら手で持ち、ギャザーを寄せるように中心に集め、結び目を作る。

⑧

Uピンは先端を開かず、結び目の内側を挟む。斜め内側（畝の方向）に向かって地面にさすと抜けにくい。

株張りの大きな野菜の場合

①

トンネル用支柱を立てたあと、両端にも斜めにトンネル用支柱をさす。

②

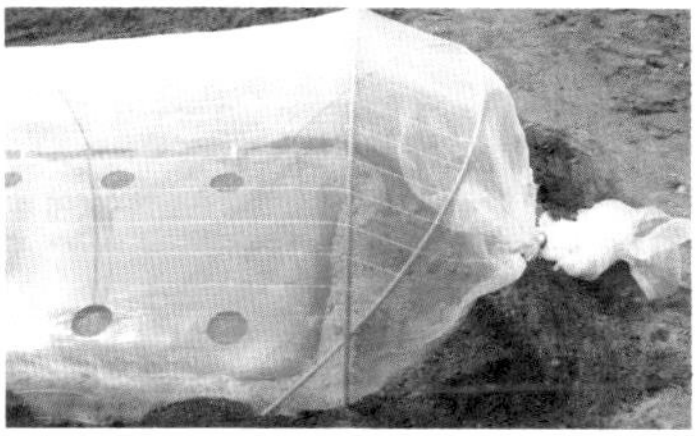

被覆資材をかけたとき、畝の端にゆったりした空間ができる。キャベツやダイコンなど株張りの大きな野菜を畝の端まで栽培するとき、窮屈にならない。

ネットを片づける

①

トンネル用支柱の根元を持って、ゆっくり引き抜く。抜いたときに土がついていたら、軽く手でぬぐっておく。

②

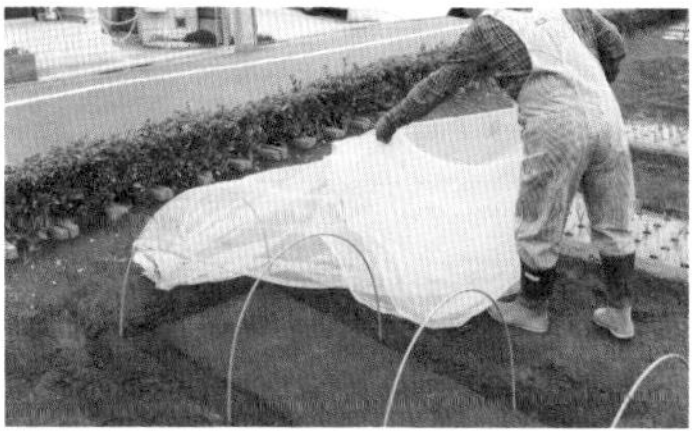

片側のUピンをさしたまま半分に折り、適当な長さで折りたたむ。最後にUピンを抜けば一人でもたたむことができる。

⑨

被覆資材のすそが外側になっていることを確認（写真右）。内側に巻いていると（写真左）、土を盛ってもはがれやすい。

⑩

足ですそを押さえて伸ばしながら、クワで土をのせて固定する。

⑪

被覆資材が風で飛ばされないよう、上から補強用の支柱を渡す。資材に穴があかないよう、すその外側に支柱を軽くさしたあと、内側に動かしながら本格的にさし込む。

⑫

完成。高さのそろった骨組みに、たるみなく被覆資材をかぶせよう。

スゴ技10

誘引上手は育て上手！

「誘引」とは、植物の茎やつるを支柱やネットに結びつけ、固定することをいいます。トマトやキュウリなどを支柱やネットに沿わせて育てる場合、誘引は栽培期間中たびたび行う、基本的な作業。きちんと誘引できていないと、風で茎が倒れたり、株姿がグチャグチャになったりします。草丈が高くなったり、実がついたりして重くなってくると、結び方が悪い場合は、ひもがほどけて茎が折れ、実が落ちる、なんていうことも。まずは、しっかりとした結び方をマスターしましょう。

誘引に使うのは、やや細めの麻ひもがおすすめです。表面がけばだっていて摩擦がかかり、ずれにくいためです。

実際に結ぶ際は「茎にやさしく、支柱に厳しく」が鉄則。茎のほうは成長して太くなっていくので、ひもと茎の間に指1本程度のゆとりをもたせるようにします。逆に、支柱のほうはずれないよう、きつく縛ります。

麻ひも

やや細めの麻ひもが誘引作業向き。長さ30〜40㎝に切ったものを、必要な数だけ先に切っておこう。

誘引の基本

①
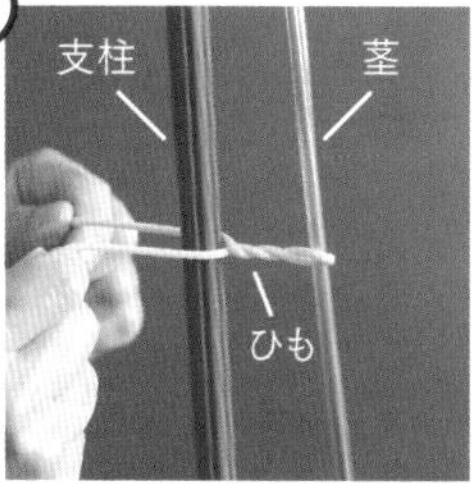

茎にひもを回しかけ、茎側にゆとりをもたせ、8の字に3～4回ねじる。

②

ひもを支柱の手前に持ってきて交差させ、後ろに回す。

③
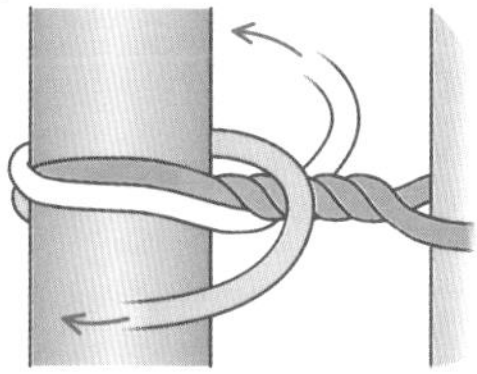

交差で上側になったひもは8の字の下を通し、下側になったひもは8の字の上を通して、手前に戻す。

④
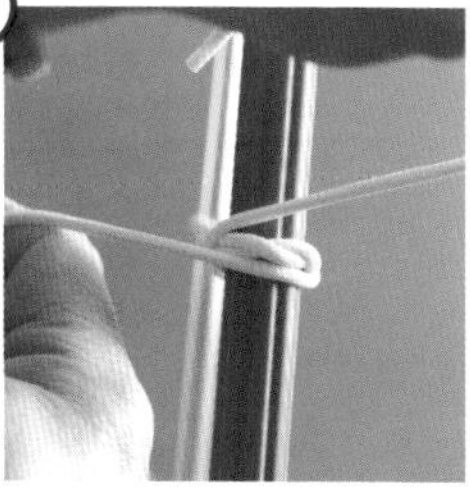

手前に戻ったところ。ギュッと引いて摩擦をかけ、ずれを防止。

⑤
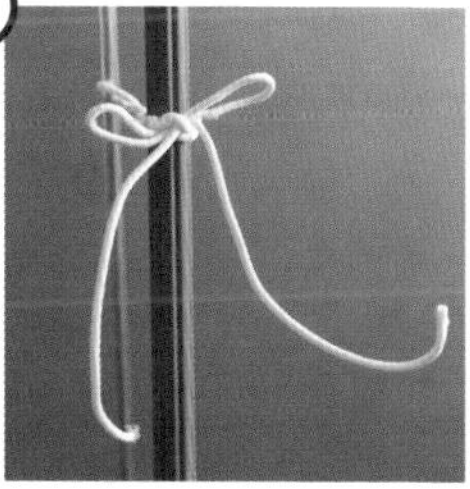

これまで巻いたひもの上で蝶結びにする。

⑥

完成形を横から見たところ。ねじる回数は支柱と茎の距離によって調整しよう。

コツ①
花芽の近くはNG

ひもがずれて花芽《はなめ》を傷つけないよう、葉と葉の間の茎にひもをかける。

コツ②
茎とひもの間にゆとりを

茎の成長を見越し、茎とひもの間は、ゆとりをもたせておく。また、ひもが斜めだと茎に負荷がかかりやすいため、地面とひもが平行になるよう意識しよう。

※わかりやすいよう、ひもは麻ひも以外のものを使っています。

スゴ技 11

支柱立てをマスターしよう

トマトやナス、キュウリなど草丈が高くなる野菜は、支柱を立て、茎を誘引して育てます。支柱をしっかり立てておかないと、台風などであおられて倒れてしまったり、雨で土がゆるんだときに支柱がずれたり、ゆがんだりしてしまいます。野菜が大きくなってからでは立て直せませんから、想定外のアクシデントに慌てないよう、最初にしっかり立てておきましょう。

倒れにくい支柱を立てるには、まず深くさすこと。とがったほうを下向きにし、30㎝以上、地中に入るようにします。そして頑丈にするには、支柱と支柱が交差したところをしっかり結んで固定することが大切。結び方は支柱の立て方によって変わってくるので、「合掌仕立て」「ピラミッド仕立て」「スクリーン仕立て」「あんどん仕立て」の、それぞれの結び方を参考に、きっちり結びましょう。結ぶひもは、摩擦がかかってずれにくい麻ひもがおすすめ。自然素材なので栽培が終わるころには劣化して片づけやすく、畑に落ちても土に返るので安心です。

支柱立ての際に特に注意してほしいのは、横に渡す支柱です。茎葉が茂ってくると支柱が隠れ、見えにくくなるため、横支柱の先端が顔などに当たって、思わぬけがをする場合があります。特に、合掌仕立ては要注意。横支柱が目線より高い位置になるように設置し、出っ張りが最小限になるようにしましょう。

【○】横支柱は目線より高い位置にし、出っ張りを少なくする。
【×】目線に近い位置に横支柱が長く出っ張ると、思わぬ事故につながることも。

合掌仕立て

トマトやキュウリなどの果菜類を2列で育てるときに向く方法です。上部に横支柱を渡すため頑丈で、強風でも倒れにくい立て方。まず両端のV字部分の支柱を立て、上に横支柱を平行になるように渡してから、間のV字部分の支柱を立てていきます。

①

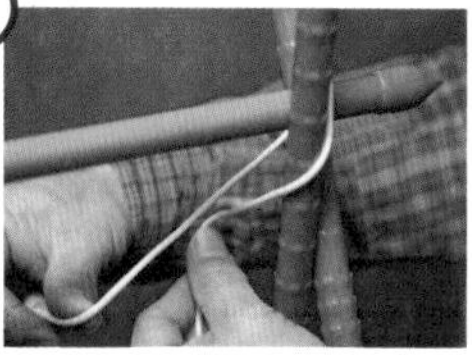

横支柱の上からひもをかけ、交差させる。

②

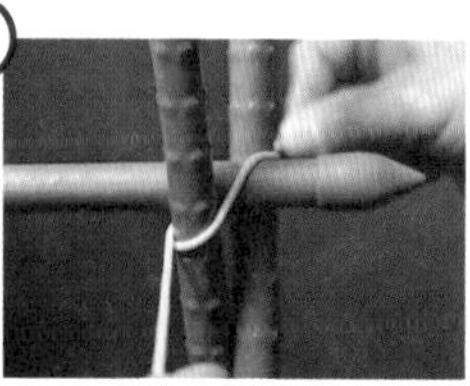

①で交差させたひもを、横支柱の上に持ってくる。

③

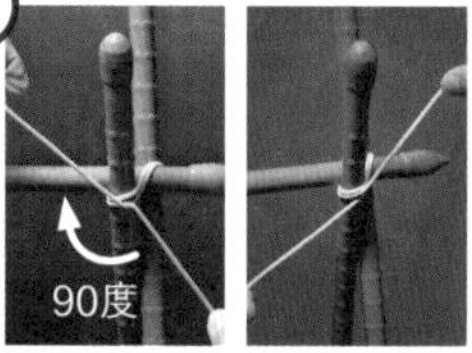

横支柱とV字支柱にひもを斜めに2回、回しかける。手元で交差させ、そのまま時計回りに90度回転させる。

④

③で90度回転した方向へひもを伸ばし、横支柱とV字支柱に2回、回しかける。

⑤

ひもを手前に持ってきたら、両手で強く引っ張り、たるみをなくす。

⑥

ひもの上でしっかりと締め、蝶結びに。斜め2方向から固定することで強度が増す。

ピラミッド仕立て

トマトやキュウリなど草丈の高い野菜、ゴーヤーやツルムラサキなどつるが伸びる野菜を、らせん状に誘引するための支柱立てです。狭いスペースや、株数が少ないときに適しています。３本の支柱は正三角形になるようにさすと、バランスがとれて強度が増します。ひもは横方向に束ねるだけでなく、縦方向にも回しかけることで、ゆるみを防ぎます。

①

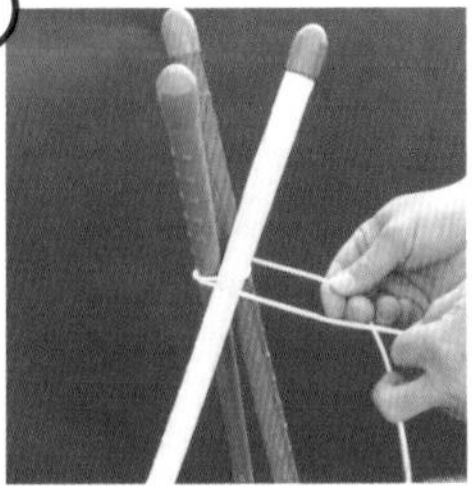

３本の支柱（赤・白・緑）の上部を束ねて、ひもを二重に回しかける。右手側のひもが長くなるように調整。

②

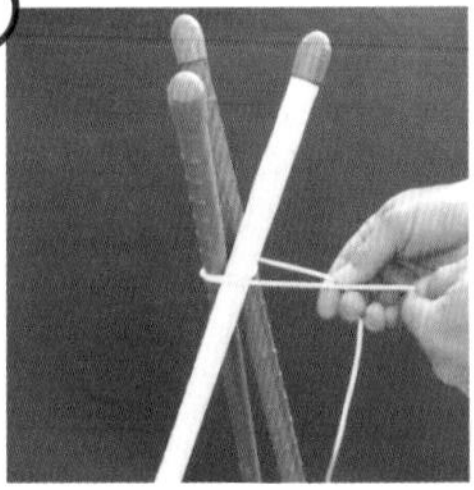

左手側のひもが右手側のひもの上になるよう交差させ、左右を持ち替える。

③

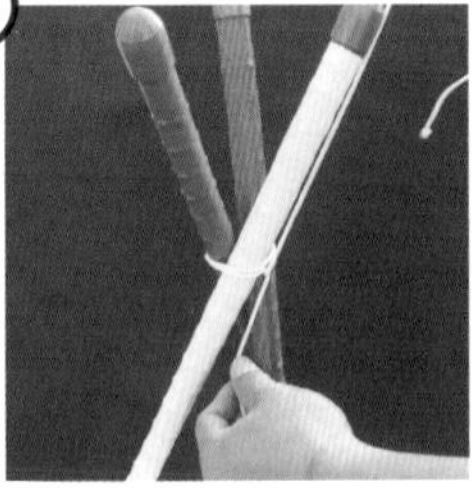

長いひもを上へ引き、ギュッと締める（このあと、右手側のひもだけを動かしていく）。

④

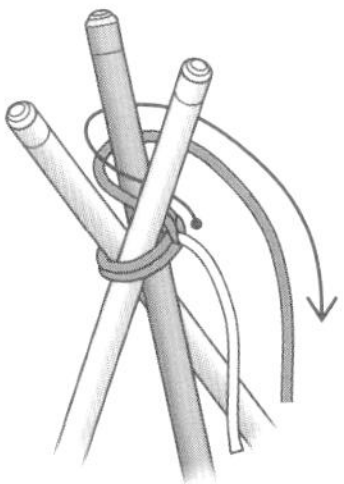

右手側の長いひもを、白い支柱と赤い支柱の間に通し、赤い支柱の上側にかけて引き下ろす。

⑤

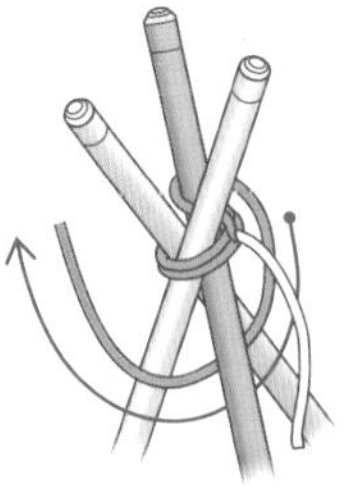

下ろしたひもを、赤い支柱の下側（赤と白の支柱の間）をくぐらせて引き上げる。

⑥

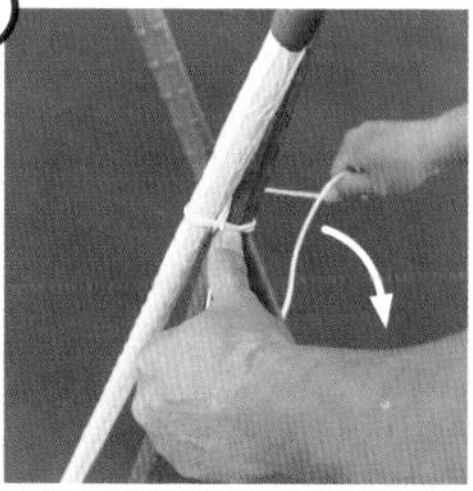

もう一度、赤い支柱の上側にかけて引き下ろす。

⑦

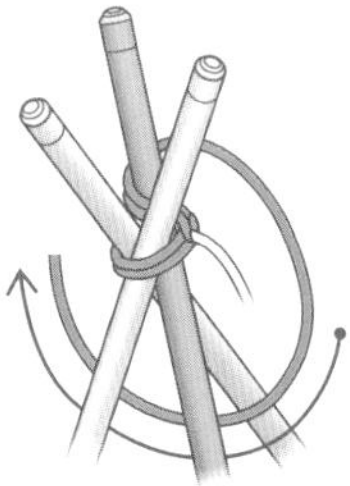

下ろしたひもを、支柱3本の交差部分の下を通し、緑と白の支柱の間から引き上げる。

⑧

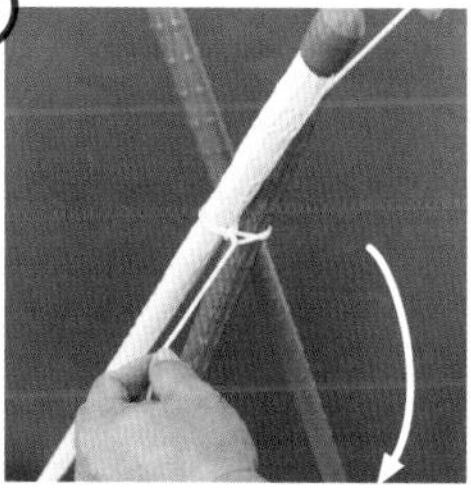

そのまま白い支柱の上側にかけて引き下ろす。

⑨

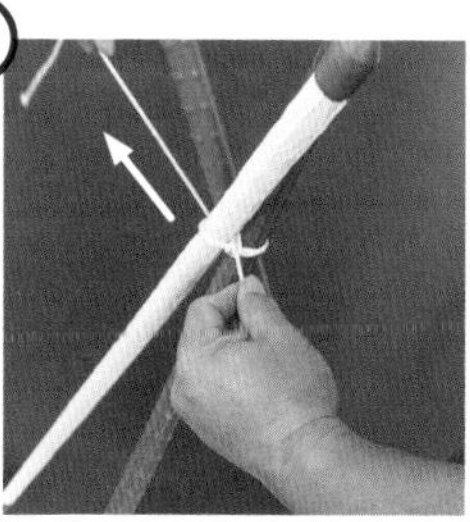

下ろしたひもを、白い支柱の下側（白と赤の支柱の間）をくぐらせて引き上げる。

⑩

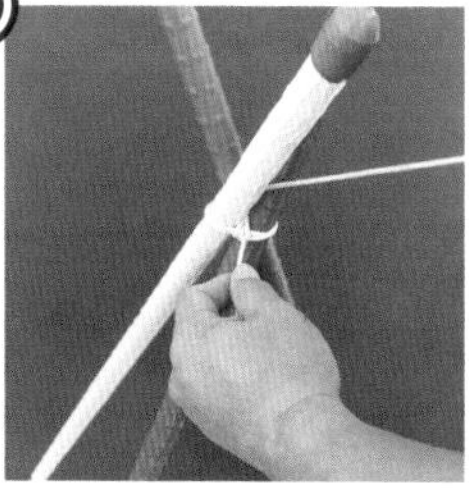

もう一度、白い支柱の上側にかけて引き下ろす。

⑪

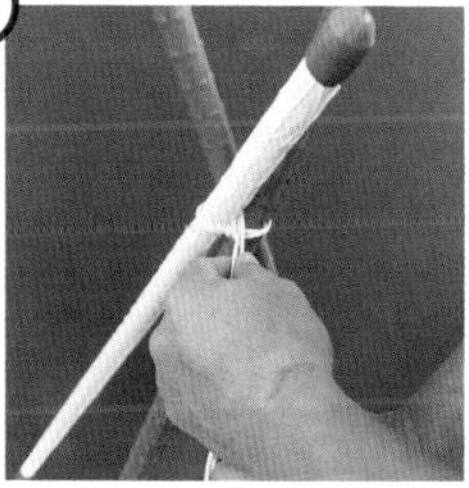

最初の場所に2本のひもがそろう。

⑫

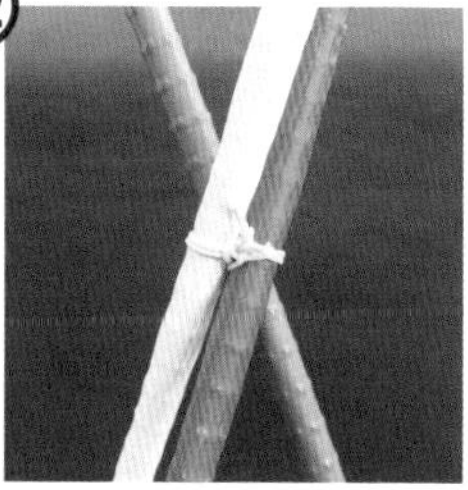

一度結んでギュッと締め、そのまま固結びにする。

スクリーン仕立て

キュウリ、ゴーヤー、つるありエンドウなど、つるが伸びて巻きひげが絡んでいく野菜に向きます。縦支柱は垂直にさし、横支柱は遠くの建物や電線などを目印にして、水平をとりながら固定しましょう。表面積が広い分、風圧がかかるので、斜めのすじかいを入れて補強を。

1

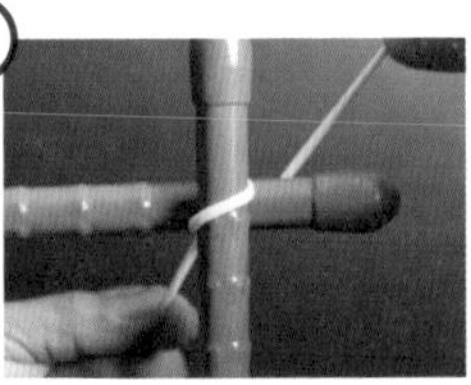

交差した支柱の手前側からひもを斜めに回しかけ、後ろで左右を持ち替える。

2

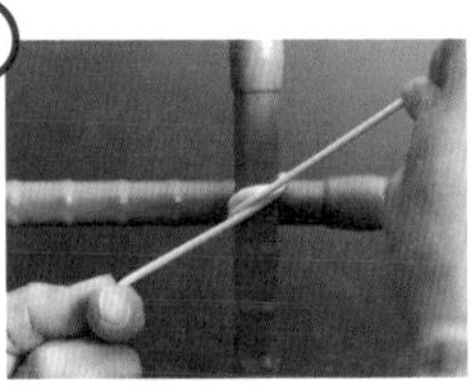

手前に引いて左右を持ち替えて交差させ、ギュッと引く。

3

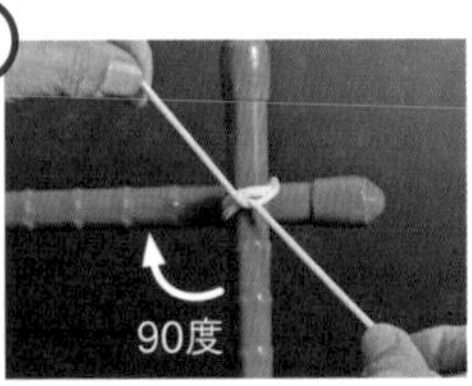

交差させたまま、時計回りに90度回転させる。

4

そのまま支柱の後ろ側に引き、後ろでひもを交差させて2回、回しかける。

5

手前にギュッと引っ張り、固結びにする。

6

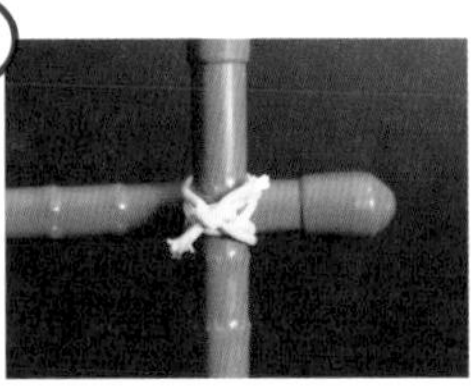

余ったひもを切って完成。支柱が組み上がったら、園芸用ネットを張る。

あんどん仕立て

小玉スイカ、ミニカボチャ、メロンなどのつる性野菜を誘引して立体的に栽培するときの方法です。地面に這わせるよりコンパクトに栽培でき、日当たりもよいのがメリット。野菜が成長すると、つるが旺盛に茂り、その重みがかかるので、ひもがたるまないよう、しっかり固定しましょう。

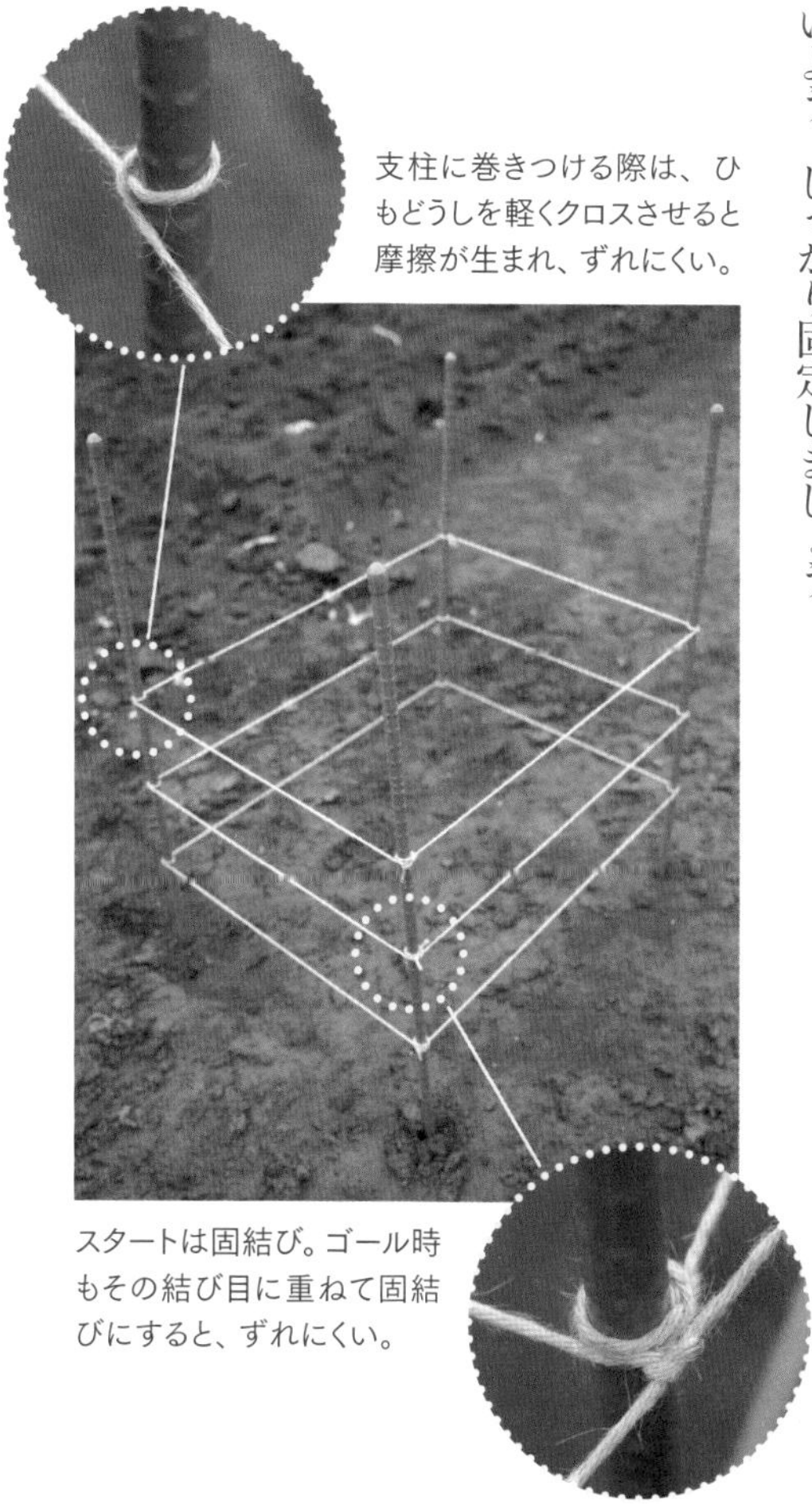

支柱に巻きつける際は、ひもどうしを軽くクロスさせると摩擦が生まれ、ずれにくい。

スタートは固結び。ゴール時もその結び目に重ねて固結びにすると、ずれにくい。

あんどん支柱を補強する

数段ひもを張っていくと、ひもの力であんどんの上部が内側に倒れてしまうことがある。そのままでは倒れやすくなるので補強しよう。適当な長さに切った麻ひもを支柱の⅔程度の高さに結び、斜め外側に引っ張って、Uピンなどで地面に固定すればOK。4本すべてで行おう。

スゴ技 12

合体！ 3つの仕立てを1つの畝で

いろいろな支柱の立て方をマスターしたら、いよいよ応用編。複数の仕立て方を合体させてみましょう。

これは私が体験農園で、実際に会員さんと行っている方法です。体験農園では限られたスペースでなるべくたくさんの種類の野菜を育てるため、各野菜の株数はそれほど多くありません。野菜ごとに畝を細かく分けて支柱を立てるよりも、1つの畝にして支柱を合体させたほうが場所をとらず、しかもがっしりと丈夫な支柱になって、その後の風の影響も受けにくくなります。春夏作の定番、トマト、キュウリ、ナスの3大果菜類を1つの畝で育てることができるので、ぜひ挑戦してみてください。

合体例1
合掌＋スクリーン＋1本仕立て

長さ240㎝の畝で、写真右から合掌仕立て（トマト2株）、スクリーン仕立て（キュウリ2株）、1本仕立て（ナス2株）を組み合わせた例（作り方は左ページ参照）。ナスは枝の伸びに応じて支柱を追加し、枝を誘引するとよい。

合体例2
合掌＋スクリーン仕立て

長さ240㎝の畝で、写真右からスクリーン仕立て（キュウリ2株）、合掌仕立て（トマト6株）を組み合わせた例。

合体例1の作り方

①

幅70㎝、長さ240㎝の栽培スペースを耕し、中央に施肥《せひ》用の溝を掘る。トマトとナスを植える場所は深さ15㎝、根の浅いキュウリを植える場所は深さ10㎝にする。

②

堆肥と元肥を溝の中にまき（p.42参照）、土を埋め戻して畝を立てる。30㎝間隔で2列に穴のあいた黒マルチを張る。

③

野菜の苗を植える。畝の端にトマト2株、1穴あけてキュウリ2株を植え、1穴あけた残りのスペースには、畝の中央に約40㎝間隔で穴をあけ、ナス2株を植える。

④

トマトの苗のわきに長さ240㎝の支柱2本をさし、上部を交差させて合掌に組む。トマトはこの支柱に誘引して育てる。

⑤

中央のキュウリはスクリーン仕立て。畝の中央に長さ240㎝の支柱を60㎝間隔で2本さし、横支柱を渡して補強する。

⑥

最後はナス。苗のわきに長さ240㎝の支柱を各1本さす。いちばん端の支柱には左右から斜めに支柱をさし、すじかいにして補強する。

⑦

上部に全体を通す横支柱を渡す。水平をとって、左右、次いで中ほどの各支柱の順に結んでいく。

⑧

支柱が交差している部分をすべて結んだら、キュウリのスペースに園芸用ネットを張って、ひもで結ぶ。

⑨

合体支柱の完成。野菜の生育に合わせて支柱に誘引して育てる。ナスは、成長してきたら適宜支柱を追加して育てる。

スゴ技13

体のパーツで測ろう

菜園の手入れに慣れてきた人でも、意外と「なんとなく」になってしまいがちなのが、〝長さ〟と〝量〟です。たとえば菜園の手引き書に「発芽したら3㎝間隔に間引く」とか「肥料を10gまく」と書いてあっても、いちいち測る人はあまりいないでしょう。だいたいこの程度かな、という感覚で目分量で測っている方も多いのではないでしょうか。

この「なんとなく」をスッキリさせるには、そのつどメジャーやはかりで測ったりするよりも、自分の体のパーツを使い、長さや量を確認できるようにしておくと便利です。余分な道具もいらず、効率的です。

たとえば、足の大きさで測ります。といっても素足ではなく、ふだん菜園で履いている農作業用長靴などの「つま先からかかとまで」の大きさです。私の場合は27㎝なので、ジャガイモのタネイモを30㎝間隔に植えるときには、足の前後に余裕をもってタネイモを置いていけば、ほぼ30㎝間隔で一定に植えつけができます。

ほかにも爪の長さや指の先端から第一関節までの長さ（1～2㎝なのでタネをまく溝をあける目安に）や、広げた手のひらの幅（約20㎝なので株間などの目安に）、握りしめたこぶしの幅（約10㎝なので間引きなどの目安に）など、自分のいろいろなパーツを測ってみてください。手で持ったときの肥料の重さも、手の大きさによってまちまちですから、「自分の場合」を測ってみることをおすすめします。

1握り（手のひらいっぱいに肥料をつかむ）で約25g。

1つかみ（5本の指で肥料をつまみ上げる）で約5g。

1つまみ（親指、人さし指、中指で肥料をつまむ）で約2g。

化成肥料の手ばかり

手の大きさは人それぞれなので、自分の場合の「1握り」「1つかみ」「1つまみ」を計量して、目と感覚で覚えよう。

スゴ技 14

作ると便利！ 支柱の「ウマ」

支柱を使って土台を作り、さまざまな用途に活用できるのが、支柱で作る〝ウマ〟。支柱を地面にさして結ぶだけで、農具を立てかけたり、野菜を干す台になったりと、便利アイテムに大変身します。ロールタイプのマルチをさし込んでおけば、一人でも引き出しやすくて、作業がはかどります。

支柱は長さ１５０㎝のものを４本と、横に渡す支柱（好みの長さ）１本を用意します。まず〝ウマ〟を作る場所に長さ１５０㎝の支柱２本を50㎝程度の間隔で斜めにさし、地上から約１００㎝の場所で交差させます。その足元の地面に、横に渡す支柱を置いて長さを確認し、もう片側にも同様に、長さ１５０㎝の支柱２本をさして交差させます。交差させた部分の高さがそろっているか確認し、ひもでしっかり結び、横に渡す支柱を上にのせれば完成です。横支柱は、一方だけをひもでウマに固定しておくと安定し、しかも固定していない側からロールタイプのマルチなどをさし込むことができて便利です。

① 長さ150㎝の支柱2本を50㎝間隔でさし、100㎝の高さで交差させる。

② 横に渡す支柱を地面に置いて目安にし、反対側にも2本の支柱を立てる。交差させた部分の高さをそろえ、ひもで結ぶ。

③ 上に支柱をのせたら完成。

ダイコンなどの野菜をかけて、干し野菜用の台としても活躍。

ロールタイプのマルチをさし込めば、一人でもラクラク引き伸ばせる。

四季の管理術

PART

手のかけどころは、
ずばりココ!

季節の移り変わりとともに、
栽培できる野菜や必要な
手入れが変わっていきます。
栽培スタートから収穫、
そしてその後の土作りまで、
四季折々に必要な、
スゴ技をたっぷり紹介!

スゴ技15

菜園プランは、隣り合う野菜選びも大切!

去年はうまく育ったのに今年は育ちが悪い、というときは、「連作」が原因の場合がよくあります。連作とは同じ科の野菜を同じ場所で続けて栽培することをいい、連作すると野菜の育ちが悪くなったり、病気になったりします。これが「連作障害」です。作付け計画の基本中の基本ですが、記憶だけに頼るのは至難の業。図面などに残しておけば、翌年は区画(畝《うね》)ごとに科の違う野菜をローテーションして栽培する「輪作《りんさく》」ができます。

菜園プランを考える際は、隣り合う畝の野菜の影響も考えましょう。畝は東西方向に立てるのが基本ですが、草丈の高い野菜やつる性野菜を南側に植えると、日陰を作ってしまいます。野菜ごとの草丈だけでなく、仕立てたときの高さも考慮します。

また、エダマメやトウモロコシのように特に味を重視したい野菜は、隣の畝に地中に広く根を張る長ネギやサトイモを植えると、土中の養分を奪われて食味が落ちることがあるので避けたほうが安心。長ネギやサトイモの隣には、味に影響の出にくいセリ科(ニンジン、ミツバなど)やヒユ科(ホウレンソウ、テーブルビートなど)の野菜を植えるのがおすすめです。

ポカポカ陽気とともに
野菜作りの
1年が始まります!

南側ほど育ちが悪い、葉もの野菜の畝。南側で栽培したモチトウモロコシの陰になったのが原因。

スゴ技16

長ネギの植えつけ前に2作できる！

6〜7月に長ネギの苗を植えつける場合、家庭菜園では春夏の作付けプランに「長ネギ予定地」を組み込むのが一般的です。それまで何も植えないままにしている長ネギ用の畝を、もったいないと感じているなら、来年は長ネギの植えつけ前に、別の野菜を作ってみませんか。

いちばん無駄がないのは、冬越し野菜と連動させることです。前年の秋に植えたエンドウやソラマメは6月上旬には収穫が終わるので、その畝を利用すればよいのです。冬に寒起こしをする、あるいは畑を借りられるのが春からというときは、2〜3月にジャガイモやキャベツを植え、6月上旬に収穫したあとに長ネギを植えてもよいでしょう。

もっと欲張りたい人は、長ネギを植えつける前に2作することもできます。まず、3月にホウレンソウや小カブのタネをまきましょう。これは5月に収穫できます。このあとさらに、コマツナやタアサイのタネをまきます。これらは短期間で育つ葉もの野菜のうえ、ちょうど気温が上がってくる時期なので、約1か月で収穫期を迎え、長ネギの植えつけに十分間に合います。

長ネギの苗を植える場所は、なるべく土がしっかりと硬いところを選ぶ、とよく言います。これは苗を植える溝を掘るときに、溝の壁面の土が崩れにくいからです。前作があって土が軟らかくなっている場合は掘る前に足で踏み固め、さらに溝の壁面をクワで押すなどして整えておくとよいでしょう。

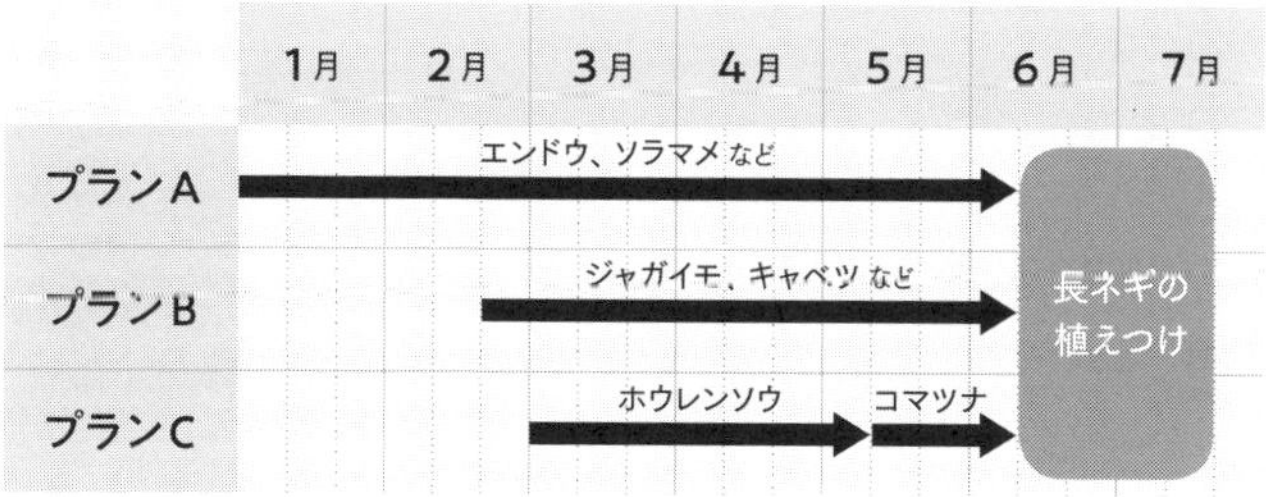
1月
2月
3月
4月
5月
6月
7月
プランA
エンドウ、ソラマメ など
プランB
ジャガイモ、キャベツ など
プランC
ホウレンソウ
コマツナ
長ネギの植えつけ

スゴ技 17

省スペース! リレー栽培のすすめ

限られたスペースでいかにたくさんの野菜を育てるか……。狭い菜園ほどプランニングは大切です。地這い栽培のカボチャのように、広いスペースをとる野菜を育てたい人におすすめなのが、ジャガイモからカボチャへのリレー栽培です。

まず、畝の端にカボチャの苗を植える場所をあけておき、残りのスペースにジャガイモを植えつけます。5月上旬にカボチャの苗を植えるときにはジャガイモの茎葉が茂っていますが、やがて黄色くなり、カボチャの子づるが旺盛に伸びるころには、ジャガイモは収穫期を迎え、あいたスペースに子づるを伸ばして育てることができます。カボチャのほか、小玉スイカ、マクワウリ、地這いキュウリなどでも応用できます。

つるが伸び出したら、畝の周囲にトンネル支柱をアーチ状にさして囲い、まとめた防虫ネットで囲んで柵を作っておきましょう。隣の畝に子づるが入り込まず、畑が乱雑になりません。

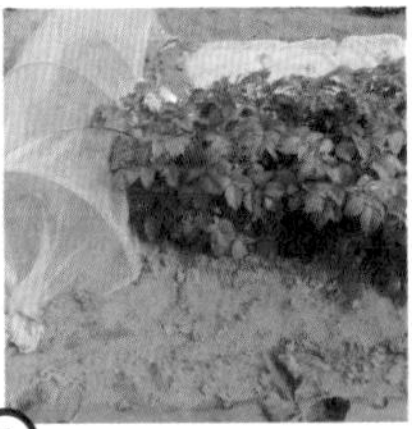

① 畝の端にカボチャの苗（1株）を植え、防虫ネットをかけておく。

② 6月上旬ごろ、カボチャの子づるが伸びてきたら防虫ネットを外し、ジャガイモのスペースに誘導する。ジャガイモは適宜収穫する。

③ 子づるを誘導したら畝の周囲をトンネル支柱で囲い、防虫ネットを巻きつける。柵になって、隣の畝に子づるが入らない。

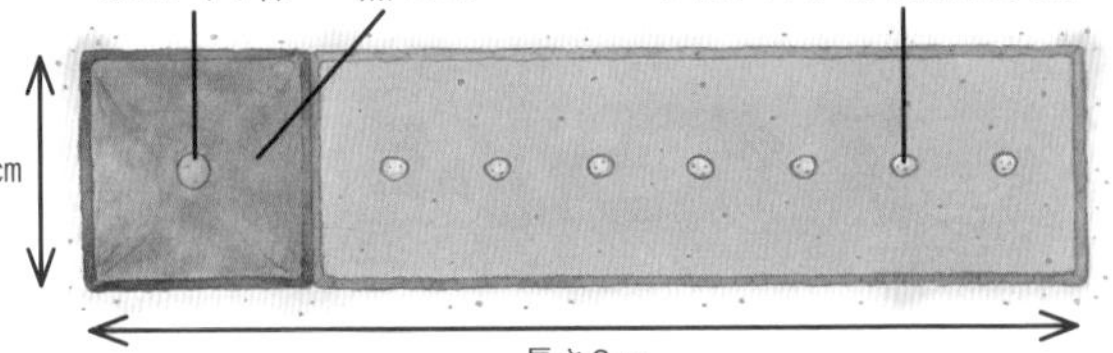
カボチャ1株
黒マルチ
ジャガイモ7株（株間30㎝）
幅70～80㎝
長さ3m

スゴ技 18

苗の老化を見極める

野菜のポット苗は芽が出て葉が数枚出たばかりの、人間なら幼い子どものようなものです。地下部も同じで、若い根が伸び始めたところ。この根鉢《ねばち》を崩して傷めたりせず、そのまま畑に植えつけると、しっかりと根を張り、スムーズに育っていきます。植えつけに適した、ちょうどよい若さの苗を選ぶのは、栽培成功への第一歩です。

よい苗を選ぶときは根鉢を見ます。ポットから抜いても根鉢がほどよく形成されていて土が崩れない苗は、根の状態から判断して植えつけ適期といえます。ポットから抜いて確認できないときは、底穴で判断しましょう。細く白い根が少しだけ見えていれば、根が若く健全に育っている証拠です。あとは①茎葉に病気や害虫の兆候がなく、②葉が濃い緑色で、③節間《せっかん》(茎の葉と葉の間)が詰まったものを選びます。節間が長くヒョロヒョロしたものは、日照不足の環境に置かれていたと考えられるので避けます。

店頭では、ポットに植えられたまま、長い時間が経過した苗を見かけることもあります。ポットの底穴から、ぎっしり張った太い根が飛び出しているような場合は「老化苗」です。老化苗は、地上部の葉が落ちたり、黄色くなったりしていて、植えつけても根づきにくいので、選ばないようにしましょう。

逆に、苗が幼すぎて、抜くと根鉢が崩れてしまう場合は、急いで植えないほうが安心。ポットのまましばらく育て、細い根が薄く張って土が崩れなくなってから、畑に植えつけましょう。

×

○

【○】よい苗はポットから取り出しても根が回りすぎていない。
【×】ぎっしり回った太い根が底穴から出ているのは、老化苗の可能性が高い。

PART 2 四季の管理術／春

スゴ技
19

施肥の深さは、根鉢との距離で考える

元肥《もとごえ》の施し方には「全面施肥《ぜんめんせひ》」と「溝施肥《みぞせひ》」がありますが、春夏に育てる野菜の多くは、溝施肥が向いています。根が伸びた先で肥料を吸収できるようにする方法で、ナス科やウリ科、マメ科など生育後半に肥料を多く必要とする果菜類だけでなく、モロヘイヤやクウシンサイなど生育旺盛で、繰り返しわき芽を収穫する葉もの野菜、また、栽培期間の長いショウガやサトイモなどの根菜類も溝施肥向きです。

１列植えのときは、苗の真下に深さ20㎝ほどの溝を掘って元肥を入れますが、トマトやキュウリを合掌仕立てで育てる場合は２列植え。そんな場合は溝を２本掘るのではなく、中央に１本、浅め（深さ10～15㎝）に掘りましょう。こうすることで根鉢と元肥の距離が１列植えの場合と同程度になり、しっかり肥料を吸収できます。

1列植えの場合

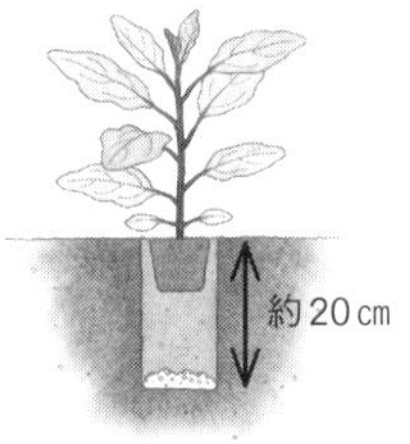

2列植えの場合

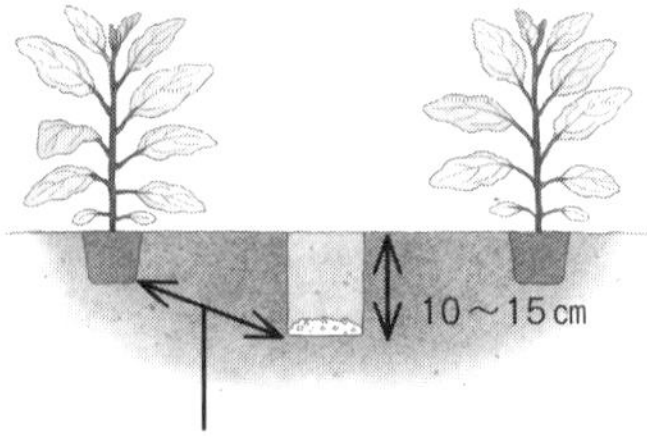

列間40～45㎝の場合、苗の根鉢から肥料までの距離が、1列植えの場合とほぼ同じになる

スゴ技 20

米ぬか、魚粉で果菜類がおいしくなる！

トマト、ナス、エダマメ、トウモロコシなどは、どんな肥料を使うかで味が変わりやすい野菜です。よりおいしく育てたいなら、元肥の有機配合肥料（春作はチッ素分が控えめのタイプ）と一緒に、米ぬかや魚粉を「ちょい足し」しておくのがおすすめです。

米ぬかは玄米を精製するときに出る米の表皮と胚芽で、元肥として施すと野菜のうまみ成分を引き出してくれます。寒起こしの際に土に入れると、微生物を増やしてよい土作りにつながります。

魚粉は魚かすとも呼ばれ、イワシ、マグロ、カツオなどの魚をゆでてから乾燥させ、細かくしたもの。元肥にプラスするとうまみや甘みが増し、おいしい野菜が育ちます。

注意したいのは、いずれも未発酵の有機質肥料だということです。全面施肥で施すと発酵時の熱などで根を傷めることがあるため、必ず溝施肥で施し、植えつけまで2～3週間あけてください。

長期にわたって実をつける果菜類の場合、味はよくても実数が少ない、ということのないように、リン酸肥料の熔《よう》リン（熔成《ようせい》リン肥《び》）も忘れず施しましょう。リン酸が不足すると着花数が減ったり、開花や結実が遅れたりします。植物の根が出す有機酸によって溶け出す性質のため、効果があらわれるまでに時間がかかりますから、溝施肥の際に一緒に施しておきましょう。

主な春植え果菜類の元肥（溝1m当たりの分量の目安）

	有機配合肥料※	熔成リン肥	米ぬか	魚粉
トマト	40～50g	10g	200㎖	70㎖
ナス	40～50g	10～15g	200㎖	70㎖
キュウリ	40～50g	10g	――	――
ピーマン	40～50g	10～15g	200㎖	70㎖
トウモロコシ	40～50g	――	200㎖	70㎖
エダマメ	40～50g	――	200㎖	70㎖

※N-P-K=3-9-10の場合。

スゴ技 21

しっかり根づく！　植えつけのコツ

苗を植えつけてから根づくまでは、4～5日かかります。植えつけのポイントは、この期間のダメージがなるべく少なくてすむようにすることに尽きます。

まず、苗は根鉢とその周囲の土からしか水分や養分を吸収できないので、ポット苗の土が乾き気味なら、葉からの蒸散で苗がしおれないよう、事前に水やりをしておきます。あわせて、畝の土がサラサラに乾いていたら、植えつけの30分ほど前に、畝全体に水をまいておきましょう。掘った植え穴にも、水をたっぷり注ぎます。

植えつけるときは、根鉢と植え穴の間にすき間（空気の層）があると水分を吸収できないので、根鉢がぴったり収まる植え穴を掘るようにします。根鉢の肩が地上に出ると乾燥してしまうので、植えつけの深さは根鉢の高さと同程度に。根鉢の表面に薄く土がのる程度にします。ただし、深植えは厳禁です。最後に水をたっぷり与えて土を落ち着かせます。

作業はていねいに、を心がけましょう。根鉢が崩れたり葉が折れたりすると、苗がダメージを受けます。最後の水やりも、苗の近くのマルチの上に水をかけ、穴の中に流れ込むようにすると、土がえぐられません。

なお、植えつけの時間帯は気にしないで大丈夫ですが、3月のまだ寒いうちは日中の暖かい時間帯に、5月下旬以降、暑さが厳しくなってきたら夕方に植えつけると、さらにダメージが少なくなります。

【○】鉢の表面にうっすら土がかかるくらいの深さがちょうどよい。
【×】根鉢が出すぎていると、乾きやすい。

スゴ技 22

仮支柱で苗を守る！

苗を植えたあと、面倒だからと省きがちなのが仮支柱ですが、じつはとても大切なものです。植えつけた苗が風を受けると、土中で根鉢が動いてしまい、新しい根が張りにくくなってしまうからです。しっかり根づいて安定するまでの約2週間、仮支柱を立てて畝に留め、ぐらつきを防ぎましょう。

ナスやトマトのように草丈が高い苗の仮支柱は、太さ2〜3㎜、長さ50㎝ほどの細い支柱や竹ひごを使います。茎に対して斜め45度にさし、麻ひもなどで誘引しておきます。キャベツの仲間やカボチャ、スイカのように草丈の低い苗は、短い支柱でＯＫ。割り箸を使うと手軽です。キャベツなどは割り箸1本をさして支える程度で大丈夫ですが、カボチャなどウリ科の苗は特に根がデリケートなので、2本の割り箸で苗を挟み込むようにして押さえましょう。

1本で支える

長さ50㎝ほどの細い支柱を斜め45度にさし、ひもで誘引する（写真はトマト）。

2本で支える

茎を挟み込むように、2本の支柱を交差させてさす（写真はキュウリ）。

スゴ技 23

早期の除草で、10年後の畑を美しく！

雑草のタネは寿命が長く、土の中でも10年は発芽能力を保つといわれています。その多くは好光性種子で、土を耕したりすると地表に移動して発芽します。このことから考えても、雑草対策の鉄則は「小さなうちに取り除く」ことに尽きます。常に1歩先の雑草を抜く心構えでいましょう。特に、スベリヒユ、メヒシバは〝1粒万倍〟というほどに増えてしまいますから、徹底的に抜いてください。小さなうちに除草して雑草に花やタネをつけさせないようにし、出てしまった雑草は根こそぎ取り除いて二度と伸ばさないように。これをコツコツと10年間続ければ、どんなに雑草がはびこっていた畑でも、次第に雑草が生えなくなってきます。

雑草を抜くときは、ホーやねじりガマ（写真）のほか、専用の道具もありますから、使いやすいものを選べばよいでしょう。私は立ったまま作業できるホーをよく使います。雑草ごと土の表面を浅く削るようにすると、根から取り除くことができます。

畑の外から雑草のタネを持ち込まないためにも、堆肥を畝の外にまかないようにすることも大切です。購入した牛ふん堆肥や腐葉土に産地の雑草タネが混ざっていることがあり、畝の土中に潜らなかったタネが、通路などで発芽することがあります。

また、雨上がりの畑では、一斉に雑草が芽生えるので、小さいうちに残らず除草してください。土壌が酸性に傾いていると、雑草が生えやすい傾向がありますから、雑草が多いときは、土壌酸度をチェックしてみてもいいかもしれません。

ねじりガマなどを使って、
雑草は根こそぎ取ろう。

スゴ技 24

タネまきは、まき溝の深さを一定に

指先でスーッと溝を掘ってタネをまいたら、発芽したのは数本だけ……。そんな経験はありませんか。深さがまちまちな溝にタネをまくと、深く潜ったタネは水分が多すぎて腐ってしまったり、厚すぎる覆土で地上に出るのに時間がかかったり、あるいは浅すぎて乾いてしまったりして、発芽がそろいません。発芽しなければ、タネはもちろん、あいた場所は無駄になり、発芽にばらつきが出た場合も、生育に差が出て、小さな株は弱って枯れてしまうこともあります。

発芽をそろえるには、まず畝の表面を平らにし（16ページ参照）、さらにタネをまく溝の深さを一定にすることがポイント。深さが一定でないと覆土の厚さも不均一になり、生育にばらつきが出ます。一定の深さのまき溝を作るには、太めの支柱を使います。一般的な深さ1㎝のまき溝なら、太さ15㎜の支柱を畝に均等に押しつけ、くぼみを作りましょう。

① まずは畝表面を平らにし、傾斜をつけないようにならす。

② 支柱を畝に押しつける。左右の力の加減を均一にし、傾斜がつかないようにする。

③ 等間隔にタネをまき、覆土の厚さも同じにする。

✕ 指で溝を作ると、まっすぐにならず、深さも不均一に。

スゴ技 25

タネまき後の鎮圧で、発芽率アップ！

タネをまいて土をかけたら、上から手などで押さえます。これが「鎮圧」。マルチ栽培の場合、上手に鎮圧をすれば、タネまき後に水をやる必要はありません。鎮圧して土の粒子を密着させると、毛細管現象によって地下の水分が上がり、タネの周囲の土がしっとりと湿った状態になるからです。エダマメなど酸素不足で腐りやすいタネは、水やりによる水分過多で腐ることもあるので、鎮圧だけのほうが、むしろ発芽率がアップします。

ポイントは2つあります。まず1つは、タネにかける土に、乾きすぎている畑表面の土を使わないこと。5～10㎝掘って、地中の軽く湿っている土をかけましょう。

もう1つは、土の乾き具合と鎮圧の強さのバランス。土が乾いているときほど、強く鎮圧します。マルチ栽培の場合、畝の土が適度に湿っている状態なら指の腹に力を入れて軽く押し、雨のあとなどで土が湿っているならふんわりと手を添える程度にし、あとは水やり不要です。土がかなり乾いている場合は、強くしっかりと押します。この場合も基本的に水やりは不要ですが、当分雨が見込めない場合は、不織布を「べたがけ」(49ページ参照)した上から水やりをしておくと安心です。

マルチを張らないで栽培する場合は、土が乾きやすいので、雨の翌日など土が湿っているときを選んでタネをまき、同様に鎮圧します。覆土が薄く保湿が大切なニンジンなら、長靴の底で踏んでもよいくらいです。最後に不織布をべたがけし、湿度を保つようにしましょう。

ニンジンの場合は最後に足で踏む。板の上から踏むと、重さが均等にかかりやすい。

指の腹全体に力を入れて押し、タネと土を密着させる。

スゴ技 26

不織布のゆったりがけで、生育促進！

タネまき後はぜひ、不織布を畝の上に直接かける「べたがけ」をしてください。不織布には発芽前後の野菜を守る、さまざまな効果があります。

まず、マメ類などのタネを鳥の食害から守ってくれます。保温・保湿効果があるため、発芽もしやすくなります。乾燥が続いて水やりをするときも、透水性があるため不織布の上から水やりができますし、芽が出てからは害虫よけや、風よけにもなります。

不織布は地面すれすれにピンと張るのではなく、やや余裕をもって、ゆったりとかけておきます。そうすれば発芽後に外すのが数日遅れたとしても茎が曲がったりせず、素直に立ち上がります。また、雨が降ったときも、ピンと張った場合より葉が傷みません。葉もの野菜やニンジンなどなら、双葉が開いてから本葉1～2枚までが外しどき。葉の先端が細いネギ類などは、不織布に葉が絡まりやすいので、発芽したらすぐに外しましょう。

①不織布をゆったりかけ、飛ばされないよう固定。

②ゆったりかけておくと、発芽後に生育するスペースができる。

③発芽がそろったら、より光を通す防虫ネットにかけ替えるとよい。

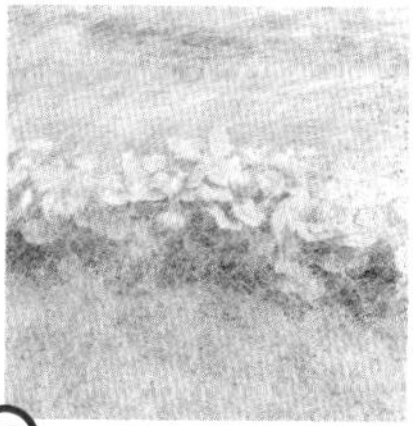
×きつく張りすぎると窮屈で、発芽後、十分に成長しない。

スゴ技
27

間引きは、発芽しなかったところを起点に！

タネをまいて発芽がそろうとうれしいものですが、発芽後に必要なのが「間引き」です。株間をあけることによって日当たりや風通しをよくし、病気などにかかりにくくすることと、一つ一つの株を大きく、太くさせる役目があります。間引かないで成長させると一本一本がヒョロヒョロとした株になってしまいます。

すじまき後の間引きの場合、列の端から間引いていく人が多いようです。しかし、株間を考えて間引いていくと、ちょうど残したいところが発芽していなかった、ということも。そんなときは、発芽しなかった部分を起点にし、そこを株間と考えて左右に間引いていきましょう。すべて2～3cm間隔になどと神経質になりすぎず、平均的に適正株間になっていれば大丈夫です。

間引きでは、どの株を間引くかを迷う人が多いようです。まず大切なのは、最初の間引きが遅れないようにすること。遅くなると生育がよいものが目立ち始め、余計に迷います。双葉が出そろってから本葉1枚程度のうちに、葉が欠けていたり、変形していたり、黄色くなっていたり、ヒョロヒョロしていたりする株を抜きましょう。

うっかりして少し大きくなってしまうと、生育に差が出てきます。大きな株を残したくなりますが、全体を見渡し、極端に育ちすぎている株をあえて抜いてしまいましょう。生育がよすぎる株があると、その隣の株の生育が悪くなってしまうためです。惜しいようでも、残した株の生育状態がそろっているほうが、そのあと順調に育ちます。

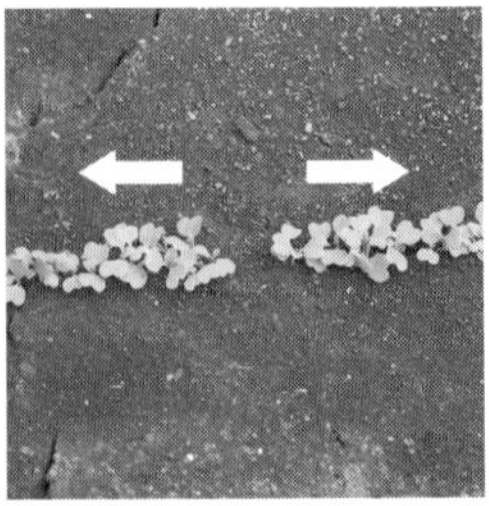

発芽しなかった場所を起点にして、左右に間引いていく。

スゴ技 28

畑の水やりは、ほどほどに！

気温が高い日が続くと
野菜も夏バテに。
適切にケアしましょう。

植物は、土が乾いているとき、水を求めて深く根を伸ばします。そのため、植えつけのときに1回だけたっぷり水を与えるだけにとどめ、不織布（真夏は遮光ネットも）をかけたら、あとは基本的に水やりを行いません。

毎日のように畑に来て、野菜に水やりをする方を見かけます。早く成長させたい一心で、何か手をかけてあげたいのでしょう。しかし、野菜にとってはせっかく根を伸ばそうとしているところに、畑が常に水浸しの状態だと、根が酸欠になり、かえって成長を妨げてしまいます。

植えつけ時、株の根元をしっかり押さえると、株のまわりがほんの少しくぼみます。これが水鉢となって、降雨のときに、水をためる役割を果たします。また、根鉢と土をしっかり密着させることで、毛細管現象で水分が上に上がってくるので、土が乾きにくくなり、人為的に水やりしなくても十分に育ちます。ただし、真夏にまったく雨が降らず、葉がしおれてしまうようなら、早朝か夕方に、たっぷり水をやってください。

スゴ技 29

大雨注意報が出たらやっておくことは？

夏は、ゲリラ豪雨や台風などで雨量が増す時期。大量の雨が畑に流れ込むと、土が流されて野菜の根がむき出しになったり、水たまりができたりします。こうなると、野菜の根が酸欠になって生育が悪くなり、手入れもしづらくなります。

そこで大雨の注意報が出たら、事前に畝の周囲に溝を掘り、雨水が畝のまわりに滞ったままにならないような対策をしておくことが肝心。ふだんから畑の勾配や雨水の流れ方を確認し、水を逃がすためのルートを確保しておくと安心です。

野菜そのものも、強い雨や風で葉が傷んだり、泥水がはね上がって病原菌が移動してきたりするおそれがあります。草丈の低い野菜には、大雨や台風の前に防虫ネットをトンネルがけしておくのも効果的です。

また、わき芽かきや枝を切る作業は野菜に傷を作ります。傷口が乾かないうちに雨に当たると病原菌が入りやすくなるので、雨の直前には行わないようにしましょう。

①畝の周囲に雨水が滞留した状態。野菜の根が呼吸しづらくなる。また、土がぬかるんで管理作業の手も入りにくい。

②勾配を確認し、三角ホーなどで畝の周囲から低いほうへと溝を掘る。

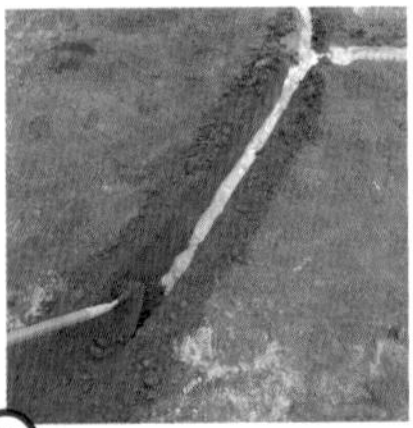

③畑の外へ水が流れ出るように溝を掘っていく。事前に行うと、被害を最小限に抑えられる。

スゴ技
30

雨のあとには、中耕をする

野菜の根は、成長するにつれて通路のほうにも広く伸びます。人の往来などで硬く締まりがちな通路の土も、月に1回程度、スコップやクワなどで中耕するのがおすすめです。中耕して土をほぐすことによって、根に酸素が供給され、生育がぐっとよくなります。ただし、土が乾燥しているときの中耕はNG。根の再生に時間がかかるので、雨後のタイミングで行うのがベストです。

通路の場合

① 硬くなった通路にスコップを入れ、土を掘り起こす。

② 掘り起こした部分に再度スコップをさし込んで空気を入れるとなおよい。この一連の作業を後退しながら、順次繰り返す。

苗の場合

直径2㎜程度の細い棒を、深さ10㎝程度まで4～5回さす。株の真下に伸びる主根《しゅこん》を傷めないように、中央から外側に向かってさす。

畝のまわりの場合

クワの刃を深さ10㎝ほど入れ、畝のまわりを耕す。水はけが改善され、根に空気が届く。

豆ワザ!

使いながら土を落とす

雨後の湿った地面では特に、スコップやクワに土がこびりつきやすい。刃先が土に入りにくくなったり、重みが増したりして効率が落ちるので、竹べらや木片などを携帯し、こびりついた土は面倒がらずに落とそう。

スゴ技31

肥料の過不足は、花、葉で見極める！

日々野菜を観察していれば、どんなときに肥料を必要としているかがわかります。たとえばトマトは、株の上部（成長点に近いところ）の葉の状態を見て判断します。葉がなだらかに下方向へ向いている場合は、よい状態です。葉がぐるりと下側に強く巻き、節間が詰まっていたら、肥料（特にチッ素分）の効きすぎと判断できます。葉が上方向にY字形に伸びて反り返っている場合は、肥料切れのサインです。

また、ナスの草勢を判断する場合は、花を見ます。通常、ナスは「長花柱花《ちょうかちゅうか》」といって、雌しべが雄しべよりも長く、花粉がつきやすい状態になっています。栄養不足などで草勢が弱いと、雌しべが短い花（短花柱花《たんかちゅうか》）が多くなるので、こうなったら追肥で養分を補います。

ナスの花の中心部。中央が雌しべで、まわりを雄しべが囲む。雌しべが雄しべより飛び出ていると受粉しやすい。

スゴ技32

芽かきなどの管理作業は、晴れた日に！

トマトの芽かきやナス、キュウリの整枝《せいし》といった管理作業は、晴れた日の午前中に行うのが基本。雨のときに行うと、病原菌が侵入して切り口が腐ったり、病気にかかりやすくなったりするので避けましょう。トマトのわき芽は、小さいうちに手で取り除きます。ナスやキュウリなどの整枝はハサミを使いますが、切り口から雑菌が入らないように、清潔なものを使いましょう。

また、雨の日はなるべく畑に立ち入らないようにすることも大切。通路を歩くと、雨でぬかるんだ土がさらに硬く締まり、野菜の根に酸素が行き渡らなくなる可能性があるからです。果菜類は成長が早いので、雨予報が出たら、その前に芽かきや整枝、収穫などの管理作業をなるべく済ませておくことが大切です。

スゴ技 33

育ちが悪い株を回復させるワザ

生育のよしあしには、根の張りが大きく関係しています。「なんとなく育ちが悪い」というとき、茎葉や花、実など地上部の様子ばかりに目を向けがちですが、じつは、地中の根が酸素不足だったり、ネキリムシの被害を受けていたりしているケースが多いものです。そんなときに有効なのが「中耕」です。土を軟らかくし、また水はけをよくして根に酸素や水分を供給できるので、生育がよくなります。雨後の中耕（53ページ参照）と同様に行いましょう。

それでも回復しなければ、思いきって茎を切り詰める方法もあります。高温や乾燥、強風などで葉が落ちてしまったキュウリやナスなどは、花や実の数を減らすことで株の消耗を防ぎ、追肥をして株を若返らせましょう。収穫はいったんお休みになりますが、弱った株を回復させる有効な手段の一つといえます。

スゴ技
34

鳥や小動物から、大事な野菜を守る！

野菜作りで避けて通れないのが、鳥や小動物などによる被害。ホームセンターなどでは数多くの害獣対策アイテムが並んでいますが、鳥や猫などに対しては、防虫ネットのトンネルがけだけでも十分に効果があるので、まずは身近なものを使って対策を試みましょう。

キャベツやコマツナなど、草丈が低い葉もの野菜は、防虫ネットで全体を覆います。この場合、すき間から侵入されないよう、すその部分を留め具で固定するか土をかぶせておきます。外側から食害されないよう、できるだけたるみのないよう張るのがコツです。

トマトやトウモロコシなどの実もの野菜は、株のまわりに網目が1～2㎝の鳥よけネットを巻きつけたり、果実に収穫袋をかぶせたりすると被害が軽減します。

地中のモグラやネズミ、夜行性のハクビシンやアライグマなどには、専用の防除アイテムを利用するのも手です。被害の痕跡があったら、できるだけ早めに対策を立てることが肝心。被害にあった果実や、その残渣《ざんさ》などが鳥を呼び寄せることもあるので、ふだんから畑をきれいに保つことも大切です。

なお、真夏のタネまきや植えつけで遮光ネットだけをかけた場合、ほどよい日陰を求めて猫が入ってくることがあります。防虫ネットをかけた上に遮光ネットをかけると、猫の侵入を防げます。

スゴ技
35

収穫後に味を落とさない！

トマトやナスなどの果菜類は、収穫したらすぐに日陰などの涼しい場所へ移動させましょう。炎天下に放置すると、あっという間に水分が蒸発し、せっかくのみずみずしさが失われてしまいます。

特に鮮度が命といわれるエダマメは、株ごと抜いたらそのままにせず、バケツに水を張って根の部分をつけておきましょう。時間がたつごとに糖度が落ちてしまうので、できるだけ早く食べるのがおすすめです。食べるまでに時間があく場合も、とにかくすぐにゆでて冷蔵庫に入れておきましょう。冷えたエダマメも格別においしいものです。すぐにゆでられないときは、乾燥しないよう、さやをさっと水にくぐらせてから、冷蔵庫に入れておきます。くれぐれも常温に放置しないようにしてください。

トマト

防虫ネットを巻きつけ、洗濯バサミで留めた例。シンプルな方法だが、鳥や猫による被害の防止には十分効果的。

果実が熟す前に、実がすっぽり隠れるよう、ネット袋をかぶせても。

トウモロコシ

受粉後（雄花《おばな》の花粉が落ちきったあと）、果実にネット袋をかける。

スゴ技 36

夏野菜は、いさぎよく終わらせる！

秋冬野菜のタネまき、植えつけは、夏の7～8月にスタートします。7～8月といえば、夏野菜の収穫が続く時期ですが、いつまでもダラダラと収穫を続けていると、秋冬シーズンの準備がズルズルと遅れてしまいがち。秋まで収穫が続くトマトやナス、ピーマンなどは、タイミングを見計らって、いさぎよく片づける覚悟も必要です。そうすれば、秋冬野菜用の土作りの時間もしっかりとれます。

夏野菜の片づけが遅れた、遅くまで収穫を続けたいなどの理由で、切り替えがうまくいかなかった方には、ちょっとした奇策もあります。夏野菜の畝の間の、今まで通路だったスペースに畝を立て、10月上旬までにコマツナ、ミズナ、小カブなどのタネをまく方法です。やや難易度は高めですが、ミニハクサイやミニダイコンも試してみる価値はあります。

秋になると夏野菜は株の下のほうの収穫を終えているので、夏野菜の畝に挟まれていても、コマツナなどが生育するための日当たりは確保できます。また、夏野菜を片づけたあとは、その畝が通路になるので、効率的に作業が可能です。ただし、通路の全部を畝にしてしまっては、まだまだ続く夏野菜の手入れができなくなります。秋冬野菜のための畝は、通路を1本おきに耕して作ります。

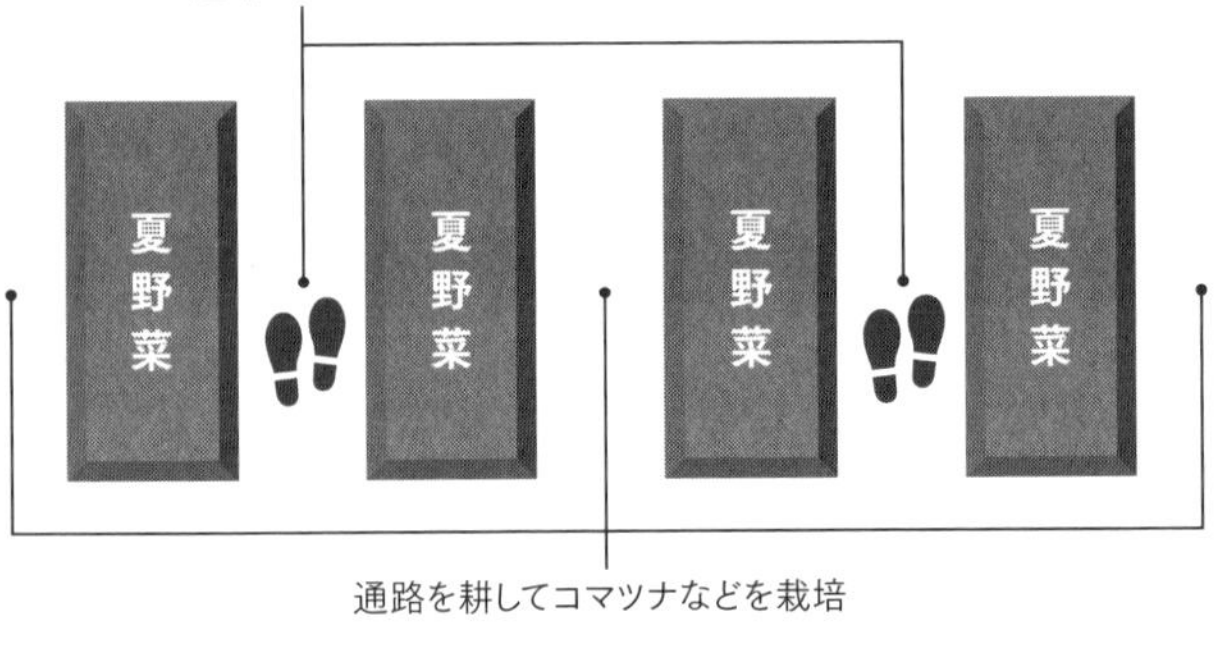
通路として残す
夏野菜
夏野菜
夏野菜
夏野菜
通路を耕してコマツナなどを栽培

スゴ技37

栽培後の片づけこそ、手間を惜しまない！

栽培が終わったあとの野菜の片づけは、どうしても手を抜きがちですが、後作のためにていねいに作業したいもの。最大のポイントは、栽培したあとの野菜の根、葉などを地中に残さないこと。残した葉などが土中で分解する過程で有害なガスが出たり、病原菌が広がる可能性があるからです。

ナスなどの根が深く張る野菜は、株を引き抜いたあと、残った根をできるだけ取り除きます。完全に取りきれない場所は、苦土《くど》石灰《せっかい》１００～１５０ｇ／㎡をまき、分解を促すとよいでしょう。キャベツやハクサイなどの葉は分解しやすいので、温暖な気候であれば、細かく刻んで土にすき込むこともできます。

マルチを片づける際は、先に枯れ葉などをほうきで掃いてきれいにすると、あとの作業がラク。マルチをはがす際は、引っ張りながら手できつめに丸めると、コンパクトにまとまり、ゴミ袋に入れやすくなります。

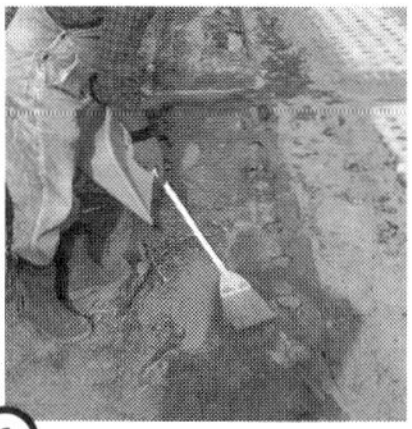

①通路や栽培スペースにゴミが散乱しないよう、ほうきで掃く。はがすときに重みで破れやすいので、土も取り除こう。

②マルチの一辺を残し、そのほかのすその部分をはがす。引っ張りながら手できつめに巻いてまとめる。

③ゆるくまとめるとかさばるマルチも、きつめに丸めると手で握れるほどコンパクトに！

スゴ技 38
収穫後の茎葉で、良質な堆肥ができる！

　収穫後に株を片づけると、果菜類の茎葉（トウモロコシは除く）や葉もの野菜の外葉などたくさんのゴミ（残渣）が出ます。これらは堆肥の材料になるので、スペースに余裕があれば、自家製堆肥作りに挑戦してみることをおすすめします。

まず、菜園のあいたスペースなどに深さ70～80㎝の穴を掘ります。野菜の残渣を穴に入れたら、スコップなどで細かく切り刻み、足でよく踏んで石灰をまきます。この作業を繰り返して穴を埋めていけば、2～3年後には質のよい堆肥が出来上がります。夏は臭いが出ることがあるので、石灰などをまいた上から残渣が見え隠れするくらい土をかぶせるとよいでしょう。

　本格的な堆肥作りとは異なるため、分解に時間はかかりますが、ゴミを減らせて堆肥も作れる一石二鳥の処分法。毎年1か所ずつ作っておけば、堆肥に困ることはありません。植物性の堆肥は、土を軟らかくする効果もあります（79ページ参照）。

①スコップで深さ70～80㎝の穴を掘る。穴の大きさは自由。

②穴に残渣を入れ、スコップを突き刺して細かくする。葉は幅5㎝ほど、太い茎はさらに細かくする。

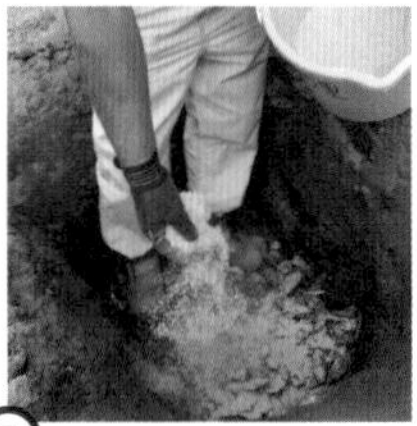
③分解を早めるため、米ぬかまたは苦土石灰を1㎡当たり1握りまく。足で踏んで密着させると湿度が高まり、残渣の繊維も壊れて分解が早まる。

④3年ほど経過し、完熟した残渣。土壌改良にうってつけ。

スゴ技 39

太陽熱消毒は、畑のリセットに最適！

土壌の太陽熱消毒は、薬剤を使わずに土の消毒ができる安心&エコなリセット法。雑草のタネや病原菌、害虫などを死滅させる効果があるので、秋冬野菜の生育が格段によくなります。土の表面温度を50℃以上にする必要があるため、7～8月の猛暑期に行うのが最も効果的。夏野菜を片づけたら、秋冬野菜の栽培前に行いましょう。

方法は簡単。米ぬかをまいて耕し、たっぷりと水をまいて透明マルチを張るだけです。そのまま2～3週間放置して太陽光に当てれば、太陽熱で土壌が高温になり、土がリセットされます。土の深い部分まで温度を上げるには、水たまりができるくらい、たっぷり水をまくことがポイントになります。

土がリセットされているのは、主に土の表面から10～15㎝の範囲です。秋冬野菜の栽培を予定している場合は、溝施肥で土作りを済ませてから太陽熱消毒をし、表面を耕さずに作付け作業を行うと、雑草が生えにくくなります。

①米ぬか2～3ℓ／㎡をまき、クワで土と混ぜ合わせる。

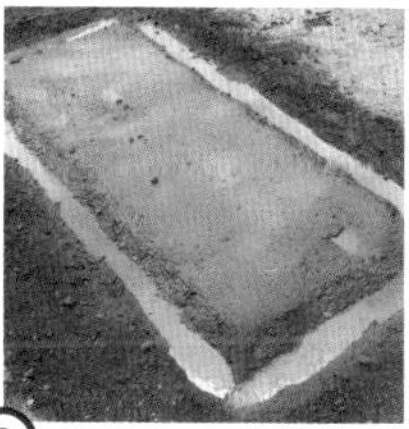

②畝を立てて表面を平らにし、畝の周囲の溝に水がたまるほど、たっぷりと水やりする。

③穴なしの透明マルチを張り、すそに土をのせて固定。2～3週間したらはがす。

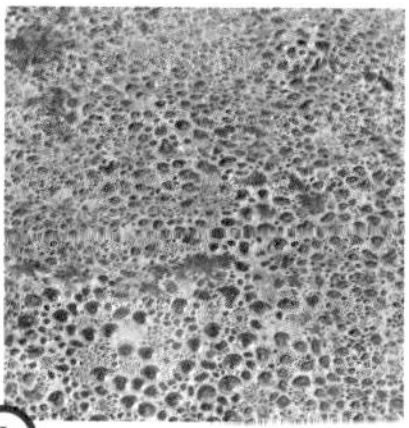

④マルチに水滴がついているのは地温が上がっている証拠。終了したら通常の土作りをして秋作を始める。

スゴ技 40

果菜類の夏植えに挑戦してみよう

トマトやナス、キュウリなどの果菜類を秋も食べたい人は、夏植え秋どりも可能です。春植え夏どりの作型よりも、収穫量はやや少なくなりますが、気温が下がってくる時期にとれる果実の味わいは格別。７月に植えつければ、夏から秋まで途切れずに収穫できます。ナスなどは、更新剪定《こうしんせんてい》をしなくても、植えるだけでおいしい秋ナスが収穫できるというものですから、試してみる価値は十分あります。

夏の植えつけは、猛暑との闘いです。まず、苗を手に入れたら、炎天下に放置せずに、日陰の涼しい場所で管理しましょう。植えつけ直前まで日陰に置き、底穴から水が流れ出るまで、たっぷりと水やりをしておきます。

植えつけ作業は、できれば翌日に雨が降りそうな曇りの日を選び、１日の暑さのピークが過ぎた15時以降に行うようにします。また、夏の高温で根を傷めないよう、マルチ張りは必須です。雑草を抑える黒マルチのほか、地温の上がりすぎを防ぐシルバーマルチを使うのもよいでしょう。植え穴の中にたっぷり水を注いで、植えたあとにもしっかり水をやったら、もみ殻を苗の株元にまいておくと、高温や乾燥による根の傷みを抑えられます。また、夏は台風の到来も予想されるため、風によるダメージを抑えられるよう、防虫ネットを張っておくのがおすすめ。さらに、強い日ざしから野菜を守るため、黒寒冷紗《かんれいしゃ》や遮光ネット（遮光率50～80％）を北側３分の１を開けて（63ページ参照）かけておきましょう。

夏キュウリがおすすめ!

果菜類のなかでも、キュウリは実がつき始めるのが早い。7月の1週目に苗を植えつければ3週間後には摘果のミニキュウリがとれ始め、暑い時期にみずみずしい果実を収穫できる。春植えのキュウリが猛暑で早く終わってしまったら、ぜひ夏キュウリを栽培してみて。

夏のタネまき・植えつけには、遮光ネット！

温暖化の影響で、夏の暑さは年々厳しくなる傾向にあることから、高温下でのタネまき、植えつけは、遮光ネットを使った暑さ対策が必須です。夏まきのニンジンやゴボウは特に乾燥を嫌うため、タネまき後は、もみ殻をまくか、不織布のべたがけをします。さらに、遮光ネット（遮光率50〜80％）をトンネルがけして強い日ざしによるダメージを防ぐと、発芽率がアップします。

このとき、全面を覆うようにかけてしまうと、風通しが悪くなってしまいます。日中の強い日ざしを遮るように、南側（南北畝の場合は西側）にトンネルをかけ、北側（同・東側）は3分の1ほど開けておくようにしましょう。

発芽後は、徒長を防ぐために10〜14時の暑い時間帯のみ遮光し、その後は少しずつ遮光時間を減らして日ざしに慣らしていきます。発芽がそろって、ニンジンは草丈7〜8cm、ゴボウは草丈15cm程度になるまでには完全に遮光ネットを外し、防虫ネットにかけ替えます。

夏の高温期に、キャベツやブロッコリーなどの苗を植えつける場合でも、遮光は必須です。アブラナ科の野菜はアオムシなどの害虫の被害を受けやすいので、植えつけ後に防虫ネットをトンネルがけし、その上に遮光ネットをかけるのがおすすめです。前述のように北側を開け、遮光時間を徐々に減らしていって、植えつけの4〜7日後までに外します。

遮光ネットは、強い日ざしが当たる南側にかけ、北側を開ける。

スゴ技 42

地床育苗で、丈夫な秋冬苗を作る！

夏の暑い時期に育苗をするキャベツやブロッコリーなどのアブラナ科野菜は、ポットで育苗するほか、畑で苗作り（地床《じどこ》育苗）することもできます。地床育苗には、①ポットやセルトレイ、培養土などの資材を必要としない、②株数が多くても管理しやすい、③ポット苗よりも根づきやすい、④育苗中の毎日の水やりが不要、などのメリットがあります。

一般的な地床育苗の方法は、以下のとおりです。苦土石灰や堆肥、化成肥料を入れて土作りをした畝に、60㎝幅の畝を立てます。10㎝間隔でまき溝をつけ、3～4㎝間隔でタネをまきます。不織布をかけてから防虫ネットをトンネルがけし、発芽までは北側を一部開けて遮光ネットで覆い、暑さをやわらげます。本葉5～6枚になったら、畑に定植しますが、定植の2～3日前、株から10㎝ほど離れた場所に農作業用フォークや移植ゴテをさし込み、畝の土ごと苗をいったん持ち上げ、根を切ります。その後たっぷり水をやると、細根が伸びて、定植後の活着がよくなります。

土作り

タネまきの2～3週間前に苦土石灰100～150g／㎡をまいて酸度調整する。1～2週間前に牛ふん堆肥2～3ℓ／㎡、化成肥料100～150g／㎡を全面施肥し、幅60㎝、高さ10㎝の畝を立てる。

タネまき

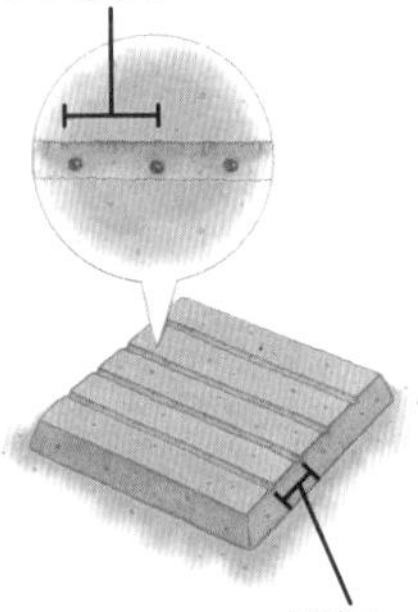
3～4㎝間隔で
タネをまく
10㎝間隔で
深さ1㎝のま
き溝を作る

根切り

農作業用フォークなどで
株を持ち上げ、根を切る

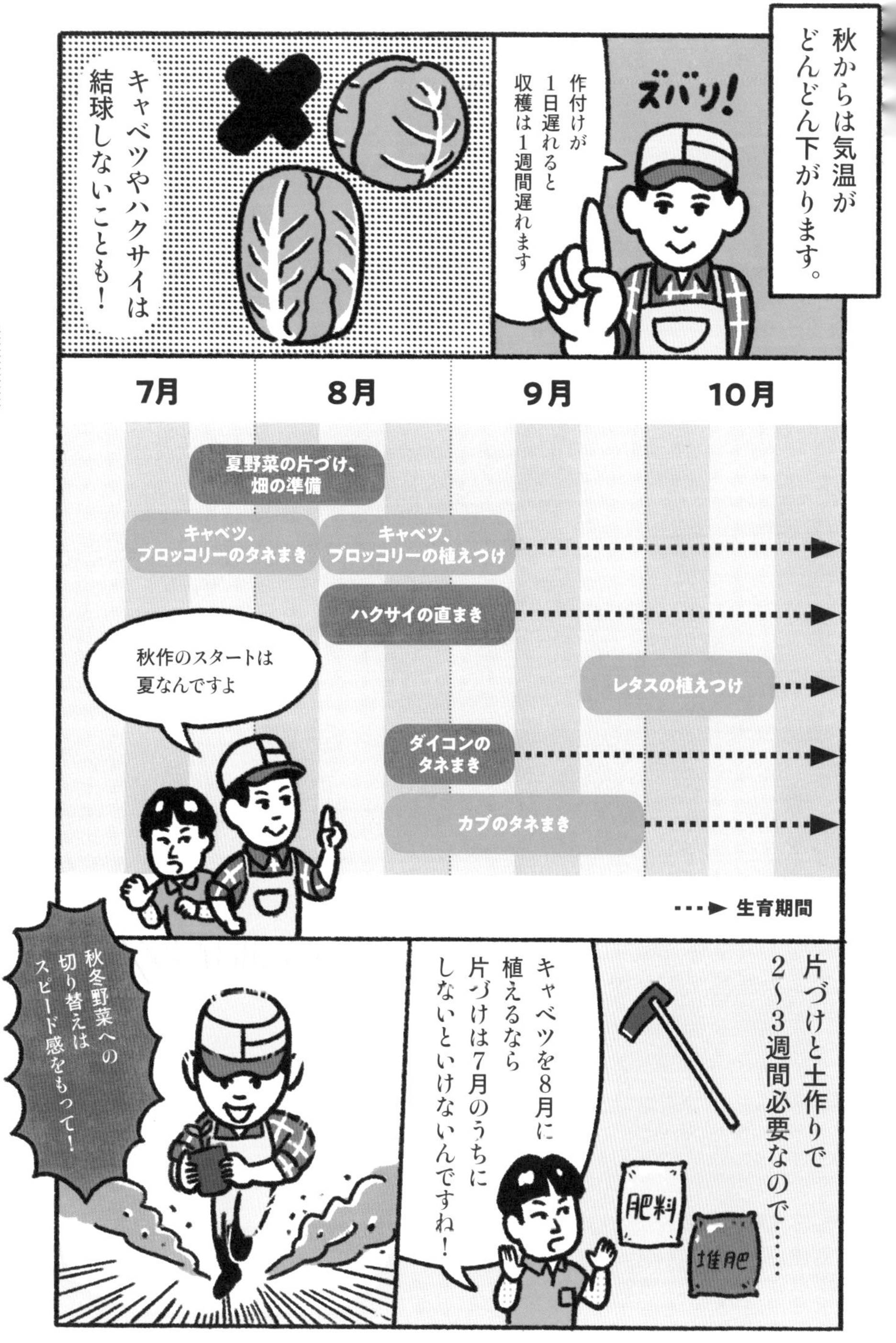
秋からは気温がどんどん下がります。
ズバリ!
作付けが1日遅れると収穫は1週間遅れます
キャベツやハクサイは結球しないことも！
7月
8月
9月
10月
夏野菜の片づけ、畑の準備
キャベツ、ブロッコリーのタネまき
キャベツ、ブロッコリーの植えつけ
ハクサイの直まき
レタスの植えつけ
ダイコンのタネまき
カブのタネまき
秋作のスタートは夏なんですよ
生育期間
片づけと土作りで2〜3週間必要なので……
キャベツを8月に植えるなら片づけは7月のうちにしないといけないんですね！
肥料
堆肥
秋冬野菜への切り替えはスピード感をもって！

←次ページから秋の管理術です！

スゴ技 43

秋冬のプランニングこそ「日陰」を意識！

秋冬の野菜作りで考慮したいのは、「日陰」です。秋から冬は、日照時間が短いことに加え、太陽が低い位置から斜めにさし込むようになります。その結果、春や夏に比べ、建物などに遮られて畑に日がささない面積が広くなります。そのため、秋冬作では、春夏作よりもより日当たりを意識したプランニングが必要です。

1年で最も太陽の位置が低い冬至のころ、朝、昼、夕方の3回、畑に出て、日陰になるエリアをチェックしましょう。1日のほとんど日光がさしているエリアを「日なた」、数時間だけ日光が当たるエリアを「半日陰」、終日日光が当たらないエリアを「日陰」に分類します。

特等席の「日なた」には、ソラマメ、イチゴなど光を欲しがる野菜を配置しましょう。「半日陰」は霜柱などが生じやすく、解けにくいというデメリットもあるので、寒さに強いホウレンソウやブロッコリーの栽培にあてるのが得策。条件の悪い「日陰」には、あえて野菜を作らず、土を粗く耕して寒さにさらす「寒起こし」、上層と下層の土を入れ替える「天地返し」などを行って、翌年の春夏作に備えるのも手です。

気温が日に日に
下がる秋。
秋冬作はくれぐれも
遅れるべからず！

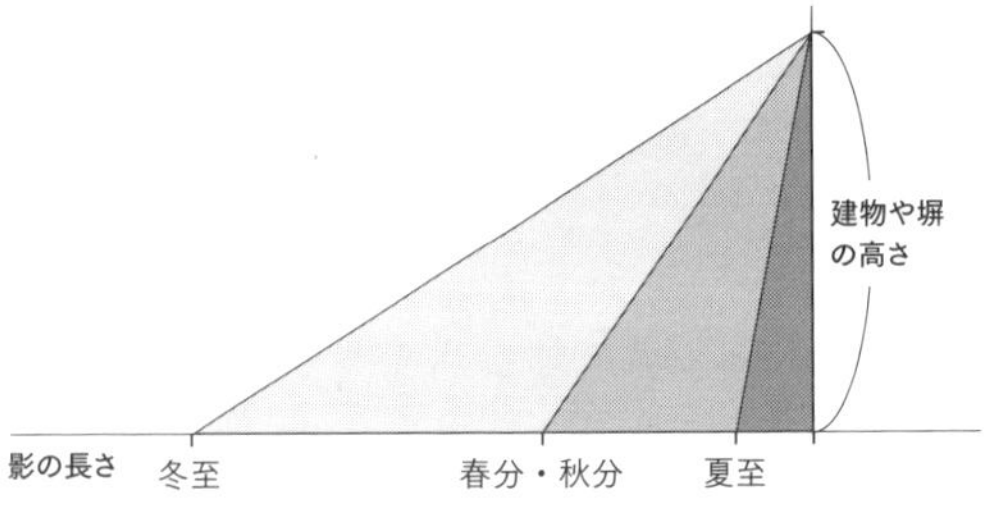
建物や塀の高さ
影の長さ
冬至
春分・秋分
夏至

季節の変化に伴う影の長さのイメージ

南に建物や塀がある場合の、季節ごとの影の長さはこんなに違う。春夏に比べ、秋冬には日陰になるスペースが増えることを考慮しよう。

スゴ技 44

アブラナ科の大敵！「根こぶ病」に備える

「根こぶ病」は、アブラナ科野菜の連作障害の一つ。ハクサイやカブなどのアブラナ科野菜に多く発症し、日中に地上部がしおれ、夕方に回復することを繰り返し、やがて枯れます。根こぶ病に侵された被害株は、引き抜くと、根がこぶ状になっているのが特徴です。アブラナ科野菜を同じ場所で続けて栽培する（連作する）と発症しやすいため、複数の科の野菜をローテーションして栽培する「輪作」をすることが予防の基本ですが、水はけを改善するのもポイントの一つです。

病原菌は土中の水の中を泳いで移動するので、水はけの悪い場所では、事前に対策をとっておくと安心。畑の土は、深さ15㎝くらいまでの軟らかい「作土《さくど》」と、その下の「下層土」からできています。硬く締まった下層土は水を通しにくく、そのままだと過湿になりやすいので、スコップで50〜60㎝の深さまで掘り下げてザクザクと砕くと、過湿が改善され、病気を抑えることにつながります。かなり重労働ですが、手間を惜しまず深く耕すことで、生育がよくなります。

プロの農家は、根こぶ病が出る前に殺菌剤を使うこともあります。薬剤には、土中で眠っている根こぶ病菌が目覚めるのを防ぐ「アルスルファミド粉剤」（ネビジン粉剤など）、目覚めた根こぶ病菌に直接作用する「アミスルブロム粉剤」（オラクル粉剤など）などがあり、タネまきや植えつけ前にこれらの処置を施すことによって、土中の菌密度を下げて、発病させないようにします。

豆ワザ！

根こぶ病に悩むなら ダイコン！

さまざまなアブラナ科野菜で根こぶ病の被害が出るが（写真はコマツナの被害）、ダイコンは別。感染しても発病しにくい性質があり、根こぶ病菌を減らすための「おとり作物」として葉ダイコンのタネも売られている。根こぶ病が発生した畑で育てる野菜に悩んでいたら、ダイコンも候補に入れてみよう。

スゴ技
45

葉もの野菜こそ、マルチを張るべし！

コマツナやミズナ、ホウレンソウなどの葉もの野菜は、タネまきから1～2か月で収穫できるお手軽野菜。葉もの野菜の栽培は、なるべく手間がかからないよう、マルチなしで栽培するケースが多いかと思います。マルチなしでも栽培できますが、低温や水分不足などで生育がそろいにくく、雨による泥はねなどで、株元に傷や汚れがつきやすいので、たくさん作っても収穫後のロスが多くなります。

そこで、より上質な葉を育てるには、マルチを張って栽培するのがおすすめです。いちばんのメリットは、スラリと伸びたきれいな葉が収穫できること。見た目もきれいで、おすそ分けするにも、もってこいです。マルチを張る手間はかかりますが、利用価値の高いおいしい葉が収穫できるので、タネが無駄にならず、より経済的な栽培法だといえます。さらにマルチには、乾燥防止、地温上昇、肥料保持などの効果があり、生育がスムーズになる分、野菜の味や食感もよくなる効果が期待できます。

マルチは、15㎝間隔で5列の穴があいたタイプが使いやすくおすすめです。タネは、コマツナやミズナは1穴に5～6粒、発芽しにくいホウレンソウは7～8粒まきます。

また、寒い冬の場合、穴なしマルチにカッターなどで直線状に切れ目を入れ、スリット状のまき溝を作り、そこにコマツナなどをすじまきする方法もあります。穴あきマルチよりも保温力が高く、さらに保温シートをトンネルがけすれば、初冬でも45～60日で収穫が可能です。

スリット状のタネまき

カッターで長さ30㎝のスリットを、3～5㎝あけて切っていく（間隔をあけると、スリットが広がりすぎない）。細い棒を押しつけて溝を作り、タネをまいて土をかける。

スゴ技 46

多品目栽培には、15㎝穴あきマルチが便利！

ダイコンや小カブ、コマツナ、ミズナ、カラシナなど、家庭菜園では多品目の野菜を栽培することが多いもの。育てる野菜と同じ数だけ畝を作り、タネをまくのは大変な作業。ましてや庭の一部や市民農園といった限られた場所では、そもそも複数の畝を作るスペースがなく、多品目栽培をあきらめてしまうケースもあると思います。

そんなときにおすすめなのが、15㎝間隔の穴あきマルチを活用した多品目栽培です。1つの畝に穴あきマルチを張り、スペースを区切って異なる野菜のタネをまくことによって、1つの畝で複数の野菜を効率的に栽培することができます。たとえばコマツナと小カブとダイコンを1畝で育てるなら、コマツナと小カブは、それぞれの穴にタネをまいて株間15㎝で育て、ダイコンは株間が30㎝必要なので、最初から穴を1つとばしてタネをまけばよいのです（下図参照）。複数のマルチを使い分けたり、複数の防虫ネットを張ったりする手間が省けるほか、マルチを張ることで地温や水分が適切に保たれ、生育もよくなります。

発芽したら成長に伴って適宜間引きを行い、追肥で養分を補います。コマツナや小カブなどは株元（各穴）に肥料をまき、ダイコンはあいている穴や株元にまきます。こうすることで、養分が土壌の広い範囲に行き渡り、肥料の効きもよくなります。追肥後は、肥料と土を手や細い支柱で混ぜ合わせ、たっぷり水を与えると、肥料分が溶けて効果が速くあらわれます。

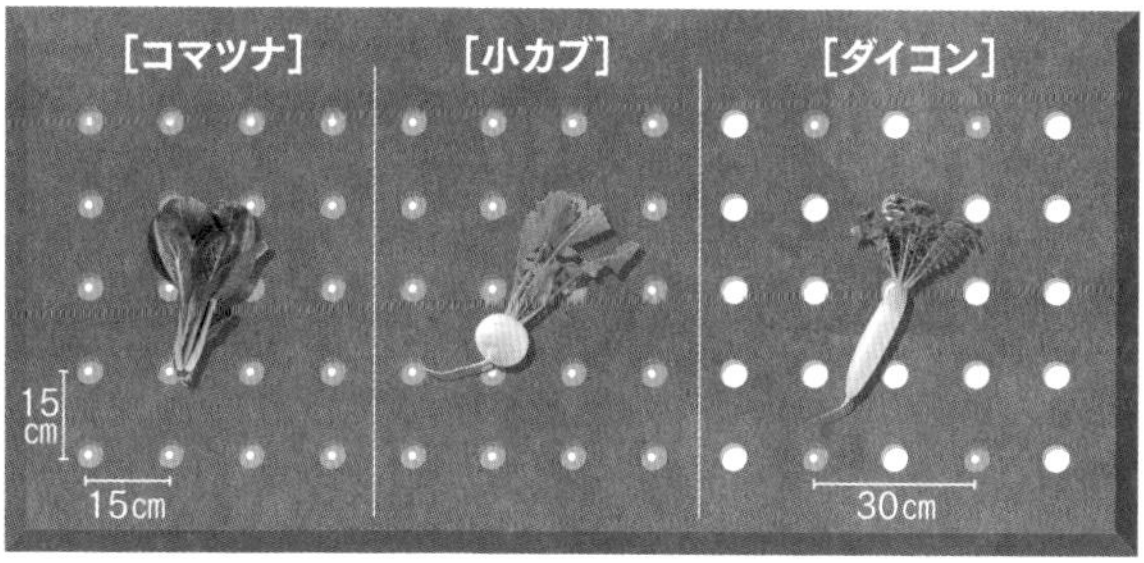

栽培の例

コマツナや小カブは、それぞれの穴にタネをまき、株間15㎝で育てる。株間が30㎝ほど必要なダイコンは、穴を1つとばしてタネをまく。

スゴ技47

防虫ネットで「べっぴん野菜」を作る！

秋冬どりのキャベツやハクサイ、コマツナなどのアブラナ科野菜は、アオムシやコナガなどの食害にあいやすく、放置すると穴だらけになることも。最も有効な対策の一つが、防虫ネットのトンネルがけ。物理的に害虫の侵入をシャットアウトすることで、無農薬での栽培も可能になります。

ポイントは、タネまきや植えつけ直後に防虫ネットをかけること。害虫が産卵したあとにかけると、ネットの内部で大発生してしまいます。防虫ネットは、すき間なく張ることが大切です。トンネルがけをする際は、最後にすその部分をしっかり土で埋めてすき間をなくしましょう。

防虫ネットの目合い（網目のサイズ。119ページ参照）には、さまざまなものがあります。目合い1.0㎜のものはアオムシ、ヨトウムシ、コナガなどを防除できますが、アブラムシなどの小さな虫もシャットアウトできる、0.8㎜以下のものを選ぶと防虫効果がより高まります。反面、風通しが悪くなる傾向もあるので、適切に管理しましょう。

ネットをすき間なくかけていても、植えつけた苗に害虫の卵がついていた、土の中に害虫の卵があったなどの理由で、害虫が大発生するケースもあります。ネットをかけているからと安心せず、追肥や中耕、除草などのタイミングで、ときどきネットをめくって内部の葉の様子を確認することが大切。葉に穴があいていたり、幼虫のふんがあれば、害虫がいる証拠。葉裏まで確認し、確実に取り除きましょう。

スゴ技 48

品種の早晩性で、リレー収穫！

秋冬野菜の収穫時期のピークは11～12月ですが、同じ時期にたくさんとれすぎて、食べきれずに困ってしまったことはありませんか。時期をずらして栽培すれば、少しずつ、長い期間楽しめますが、3回、4回とずらしまきをするのは、さすがに手間がかかるので避けたいものです。そこで、1回タネまきをするだけで、長期にわたって収穫を楽しめる方法を紹介しましょう。

野菜の品種には、「早晩性《そうばんせい》」といって、タネまきから収穫までの期間の違いによる特性があるのをご存じでしょうか。収穫までの期間が早いものから、「極早生《ごくわせ》」「早生《わせ》」「中早生《なかわせ》」「中生《なかて》」「中晩生《なかおくて》」「晩生《おくて》」などがあり、野菜によって、タネ袋やカタログなどに表示されています。区分けは種苗会社によって異なるので、品種選びの際はよく確認してください。

この特性を利用し、たとえばハクサイなら、「早生」「中生」「晩生」の品種を同じ時期に栽培スタートします。すると早生品種は11月から収穫が始まり、晩生品種の収穫が終了するのは翌年2月と、リレー方式で収穫することができます。

栽培期間が長くなるほど害虫の被害にあう確率が高くなり、追肥などの手間もかかるため、初心者は早生品種がおすすめです。しかし、栽培期間の長い晩生品種は、収穫サイズも大きいものが多く、成功すれば達成感は抜群。手間がかかっても、じっくり育つ分、味もよいので、栽培に慣れた方は、ぜひ挑戦してみてください。

早晩性の例（ハクサイの場合）

区分	直まきから収穫までの日数（目安）
極早生	50～60日
早生	65～70日
中早生	75～80日
中生	85～90日
晩生	95～100日

スゴ技 49

ダイコン、小カブは「1回間引き」で！

通常、ダイコンや小カブの間引きは、成長に合わせて2～3回に分けて行いますが、秋冬の栽培に限っては、「1回間引き」がおすすめです。

野菜ごとに間引きのタイミングを見極めて「1回間引き」をすることで、生育を早め、間引きによる根傷みを防ぎ、大株に育てることができます。また、間引きの回数が減ることで、栽培管理の手間が省けるのも大きなメリットです。

ポイントは、早すぎず、遅すぎずのベストなタイミングを見計らって間引きを行うこと。ダイコン、小カブのそれぞれに最適な間引きのタイミングがあるので、その時期に確実に行うことが大切です。

9月まきの小カブは、気候が温暖な生育前半に発芽をそろえ、株どうしを競争させて生育させてから、本葉2～3枚で「1回間引き」を行います。十分な株間をあけることで、気温が下がってからの順調な生育を促します。

ダイコンは、葉の長さが20～25㎝になったら、「1回間引き」を行います。ダイコンの場合、最初に根を地中深く伸ばし、十分な長さに育ってから横に太る性質があるので、その直前に1本立ちにします。間引きが遅れると、根が絡み合って叉根《またね》になったり、十分に太らなかったりするので注意します。

いずれも、間引き後は必ず追肥します。株元に化成肥料をマルチ1穴当たり10～15粒ずつまき、生育を促します。

小カブは本葉2～3枚で1穴1本に。すじまきした場合も1回間引きで、株間15㎝にする。

ダイコンは葉の長さ20～25㎝で1穴1本に。残す株の葉を折らないように注意しよう。

スゴ技
50

葉もの野菜は夕方に収穫する!

手塩にかけて育てた野菜を収穫するときのワクワク感は、家庭菜園ならではの醍醐味。せっかく育てた野菜だからこそ、いちばんおいしい時間帯に収穫したいものですね。

コマツナやホウレンソウ、タアサイなどの葉もの野菜は、光合成をして作った養分が葉に蓄積される夕方に収穫するのがおすすめです。これらの葉もの野菜は、寒さに当たると糖分が葉に転流し、さらにおいしくなります。

収穫方法は、根ごと引き抜く「抜き取り収穫」と、地面からギリギリのところでハサミやカマで切る「切り取り収穫」があります。抜き取り収穫した場合は、根をハサミで切って消耗を防ぎ、土をきれいに落とします。根元部分の傷んだ葉、短い外葉などを取り除くと葉の傷みを防ぎ、見た目もよくなります。切り取り収穫の場合は、収穫後、あとに育てる野菜に悪影響を及ぼさないよう、畑から根を抜き取ります。収穫した葉もの野菜は乾燥しないよう、新聞紙などで包んで持ち帰りましょう。

抜き取り収穫

① 茎を持って引き抜く。

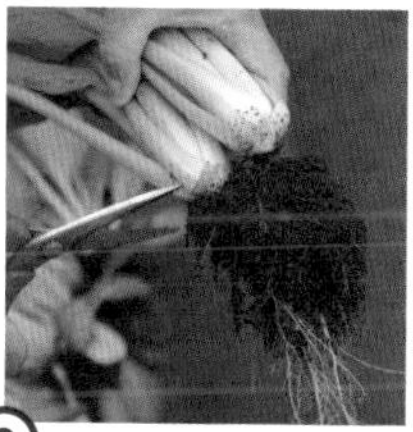

② 軽く土を落とし、ハサミなどで根を切る。

切り取り収穫

ハサミやカマで根元から切る。

持ち帰り方

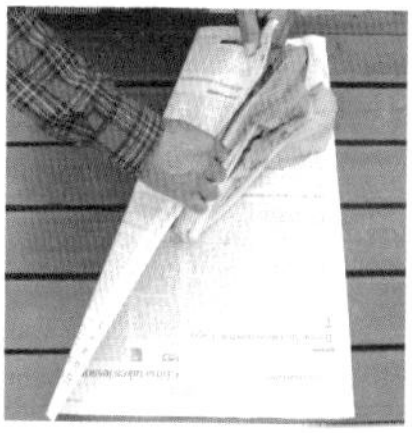

新聞紙などで包む。新聞紙を軽く湿らせておくと乾燥防止に効果的。

スゴ技 51

根菜を鮮度を保って持ち帰るコツ

ニンジンやダイコンなどの根菜類は、葉もの野菜と異なり、おおむねいつ収穫してもOKです。

畑で収穫した根菜類を、鮮度を保ったまま、おいしさをなるべくキープした状態で持ち帰るコツは2つあります。

1つ目は葉を落とすことです。収穫後、食用部分である根の消耗を防ぐために、ハサミや包丁などですぐに葉を切り落としましょう。根と葉を別々に保存することによって、両方ともみずみずしさを保つことができます。カブの葉は栄養価が高く、煮ても炒めてもおいしいですし、ニンジンの柔らかい葉も、パリパリに乾かしてふりかけにすると風味豊かです。

2つ目は、その場（菜園など）で水洗いしないこと。水洗いすると泥が落ちて、一見みずみずしくなりますが、帰宅後の保存時や、調理前などに水洗いを繰り返すことになり、少しずつ鮮度が低下します。さらに株元や葉裏などに残った水分が温まって雑菌が増え、傷みやすくなります。そのため収穫物は洗わずに、新聞紙に包んで持ち帰るのがベスト。湿った新聞紙で包むと、鮮度をより保ちやすくなります。

帰宅したら水洗いし、すぐに調理しないものは新聞紙で包み、レジ袋などに入れて立てて保存します。

手も野菜も汚さず、きれいに収穫！

野菜を土から抜くときは、抜く手をどちらか一方に決めておこう。右手で葉を持って引き抜き、左手で泥をしごいて落とせば（写真）、右手は常にきれいなまま。収穫時に泥をある程度落としておくと、あとで水洗いもしやすく、全体の作業効率もよい。

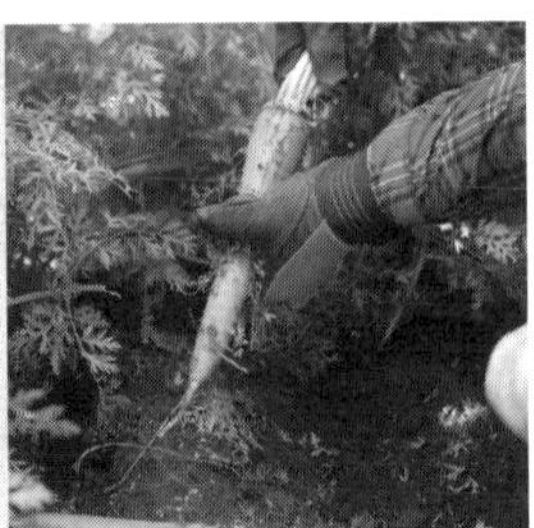

冬の管理術

スゴ技 52

霜に当てたい野菜、注意する野菜

寒い冬だからこそ
できる土作りも
あるんです！

秋から冬に多く栽培される葉もの野菜ですが、野菜によって耐寒性は異なります。ホウレンソウやタアサイなどは、「寒締め」といって、寒さに当たったほうがおいしくなるといわれています。これは、寒さで葉が凍らないように、植物体が茎葉に糖分を蓄積する性質があり、より甘みが強くなるからだと考えられています。真冬の寒風や霜に当たると、ホウレンソウは葉が肉厚になり、縮みが出る品種もあります。タアサイは、葉が地面に這うように広がって花びらのような形（ロゼット状）になります。

コマツナやミズナ、チンゲンサイも寒さには強いほうですが、霜で葉先が傷み、茶色くなることもあります。霜が本格的に降りる前（11月中旬～下旬）に、穴あき保温シートなどをトンネル状にかけて防寒すると、収穫を長く楽しむことができます。

シュンギクは寒さに弱く、霜が降りると黒くなって枯れ、収穫できなくなってしまいます。早めに収穫を済ませるのがベターですが、霜が降りる前に穴あき保温シートをかぶせれば、2週間ほど収穫を長く楽しむことができます。

スゴ技 53

真冬のトンネル栽培は、ダブルがけ！

冬からの栽培におすすめなのが、保温シートを使用したトンネル栽培。保温シートをかけることで外部の冷気を遮り、畝の内部を適温に保つことができるので、真冬でもタネまきができ、おいしい野菜を育てることができます。保温シートには、保温効果が高い厚手の「ビニール」、低温でも堅くなりにくい「農ＰＯ（農業用ポリオレフィン系特殊フィルム）」などがあり、これらを畝の上にトンネル状にかけて栽培します。

育てられるのは、寒さに強いホウレンソウ、コマツナ、ミズナなどの葉もの野菜、ダイコン、ニンジン、カブといった根菜類などです。ただし、東北地方以北など寒さの厳しい地域では、気温が低く、栽培が難しい場合があるので、無理のない栽培を心がけます。

中間地や暖地でおすすめなのが、「防虫ネット」＋「保温シート」のダブルがけ。保温シートには、「穴なし」「穴あき」タイプがありますが、「穴あき」を使用するのがポイント。防虫ネットの1枚だけをかけるより保温効果が高まり、穴から換気ができるので、内部が高温になっても蒸れにくいという利点があります。

気をつけるべきポイントは、品種選び。栽培カレンダーやタネ袋の表示などで、冬からの栽培が可能かどうかを確認し、適した品種を選びましょう。

また、冬からの栽培は、寒さに当たるなどの一定の条件下で、とう立ち（花茎《かけい》が出ること）しやすいので、「晩抽性《ばんちゅうせい》」「とう立ちが遅い」などの表示があるものを選ぶことも大切です。

防虫ネット、穴あき保温シートのダブルがけ。保温効果が高まる一方、穴あきシートなので内部が高温になりすぎず、春先の換気の手間が省ける。気温が上がってきたら、保温シートだけを外す。

スゴ技
54

秋冬野菜の残渣は、土にすき込む！

キャベツやブロッコリー、ダイコンといった秋冬野菜の収穫を終えると、畑には、収穫後の残渣が大量に残ります。これをいつまでも菜園に放置しておくと、病害虫の温床になるため、できるだけ早く片づけることが大切です。

残渣はゴミとして捨てるほか、穴に埋めて堆肥にすることもできますが、菜園にあいた場所があれば、土に直接すき込んで分解させるのがおすすめです。春になるまでの間に微生物によって分解され、土の栄養分にもなるからです。

土に残渣をすき込む際は、株ごと土に埋めると地温が低いため冷蔵保存されたような状態になって、分解に時間がかかります。細かく切ってから土の上に広げて1か月ほど放置し、よく乾燥させましょう。その後、土とよく混ざるようにクワでていねいに耕して、畑にすき込みます。茎と根の堅い部分は、分解されにくいので、ゴミとして処分しましょう。

①収穫後、残った外葉を切り取り、スコップで細かく刻む。堅い茎と根は取り除く（写真はキャベツ）。

②細かく刻んだ残渣を土の上に広げ、1か月ほど置いて乾かす。

③土とよく混ざるように、クワでていねいに耕して畑にすき込む。

スゴ技 55

米ぬかを使った「寒起こし」でうまみをアップ

「寒起こし」は、冬の寒さを利用して、土の中の病原菌などを死滅させる土のリフレッシュ方法の一つです。厳寒期の1月中旬~下旬に行い、1か月以上おいて土を寒さに当てます。

寒起こしでは、土をスコップで掘り起こす際、米ぬかをプラスするのがおすすめです。米ぬかは、土壌中の微生物の働きを活性化させる働きがあるため、通気性や保水性、排水性の改善につながります。また、野菜の味をよくする効果も期待できます。

方法は簡単です。寒起こしをする場所に、米ぬか400~500mℓ/m²をまんべんなくまきます。次に、スコップの刃を深さ30cmほど土中にさし込み、土をすくって裏返すようにして米ぬかが地中に入るようにします。米ぬかが土の上に残っていると、鳥に狙われたり、虫がわいたりするので、しっかり土に混ぜましょう。掘り起こした土の塊は凍結と解凍を繰り返すうち、サラサラの土へと変わっていきます。

① 地表に米ぬか400~500mℓ/m²をまく。

② スコップを深さ30cm程度さし込み、中の土と表面の土を入れ替える。寒さに当たる面積を多くするため、塊は崩さずそのままにしておく。

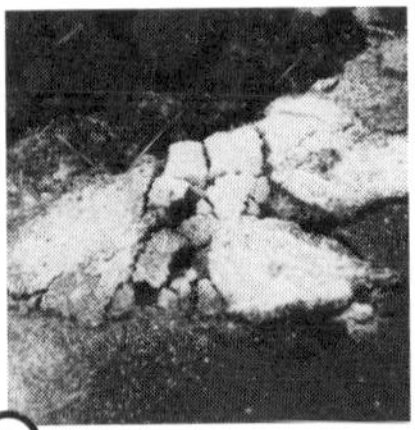

× 土の上に米ぬかの塊を残さないよう注意。

スゴ技 56

3年ごとに植物性堆肥で「お礼肥」しよう！

味のよい野菜を作るには、有機物をたっぷり施した土作りが欠かせません。野菜の収穫が一段落した冬は、栽培管理の手間もそれほどかからないため、じっくりと土作りを行うにはもってこいのシーズン。来春からの栽培に向け、冬のうちに取り組んでおくことをおすすめします。

まず、1月中旬〜下旬に「寒起こし」を行って、土のリフレッシュをしましょう。寒起こしでは、スコップで土を掘り起こす際に、米ぬかを投入すると、微生物が増えて土が活性化し、地力が高まります（78ページ参照）。そして2月中旬〜下旬には、牛ふん堆肥を投入して、よく耕します。これは栽培前に施す堆肥とは異なり、前年に野菜を育てて養分が減ってしまった土に行う「お礼肥《れいごえ》」のようなものです。

さらにおすすめなのが、3年に1回のペースで、牛ふん堆肥の代わりに300〜400g／㎡の「腐葉土」や「バーク堆肥」、あるいは残渣を利用した「自家製堆肥」といった植物性堆肥を混ぜることです。腐葉土は広葉樹（クヌギ、シイ、ナラ、カシなど）の葉、バーク堆肥は樹皮が原料で、繊維分が多いため土の中の空気の層を増やし、土を軟らかくしたり、通気性を整えたりする効果があります。結果、フカフカな土質に改善され、植物の根が張りやすくなり、野菜の生育がぐっとよくなります。

堆肥は春の作付け開始の2か月前には混ぜ込んで、十分に土となじませましょう。作付けする際は、通常どおりに元肥を施します。

豆ワザ！

5年に1回は下層土を砕こう

野菜作りを5年ほど続けた菜園では、例年にはやらない根本的な土の改良もおすすめ。通常栽培している表層15㎝ほどの「作土」より下の「下層土」を砕く作業で、深さ50〜60㎝までスコップで掘り下げる。水はけがよくなり、根の張りもよくなる。力がいる作業なので、少しずつ計画的に行おう。

スゴ技 57

道具のメンテナンスで劣化を防ぐ！

クワやレーキ、支柱などは、野菜の栽培に欠かせない大切な道具類。一度購入したら壊れないかぎり、5年、10年と使うものなので、作業が終わったら速やかにメンテナンスをして、よい状態を保ちましょう。

まず、その日の作業を終えたら、使った道具類は土やほこりを水で洗い流し、日光に当てて乾かします。スコップやクワについた土や、野菜を切ったハサミから、次の作業時に病原菌が移動してしまう可能性があるためです。

また、クワやスコップ、レーキ、ホー、移植ゴテなどは月に1回、汚れを洗い流したあと、金属部にさび止め油を塗って保護すると長もちします。刃先が丸くなったらヤスリもかけましょう。クワの柄と刃の接合部がひどくゆるんでいたら、クサビなどをさし込み、すき間ができないようにメンテナンスを。少しカタカタするくらいの場合は、木部の乾燥のせいかもしれません。その場合は、接合部を水に浸しておくと、木がふくらんで戻ります。

防虫ネットなどの被覆資材の多くは、汚れを落として乾かせば、数年間使い続けることができます。不織布も2～3回は使用可能です。

支柱やUピンなどの留め具も、同様に水洗いして、次の使用に備えましょう。折れたり曲がったりした支柱は、切ってコンパクトにまとめ、けがをしないよう先端を保護してから処分しましょう。

ジョウロ／使用後

①

タンクに⅓ほど水を入れてかき回し、はす口《くち》を外して中にたまった土を水と一緒に出す。

②
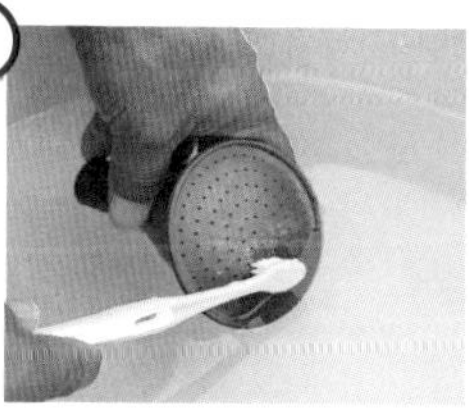

水の出が悪くなったら、はす口の目の部分を水につけて歯ブラシで汚れを落とす。

クワの接合部がゆるんだら

①
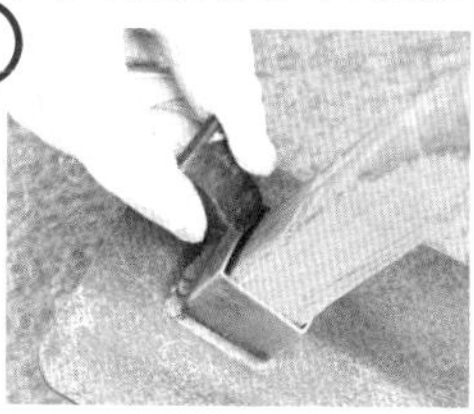

すき間の部分に、農耕用クサビを入れる。

②

板をのせ、金づちでたたいてしっかりさし込む。

クワなど／使用後

①

刃や柄についた汚れをタワシなどでこすって水洗いする。

②

雑巾で水けを拭き取り、完全に乾かす。

ハサミ／使用後

全体の汚れをスポンジで落とす。刃と刃の間も広げて洗う。

防虫ネット／使用後

小さくまとめて水につけ、軽くもみ洗い。物干しざおなどにかけ、広げて乾かす。

クワがさびついたら

①

土の酸でさびついてくる。ひどくなる前に対処しよう。

②

紙ヤスリなどでさびを落とす。目の粗いものから、徐々に細かいものに替えて行う。

クワなど／月に1回

①

刃の両面にさび止めの油を噴霧する。

②
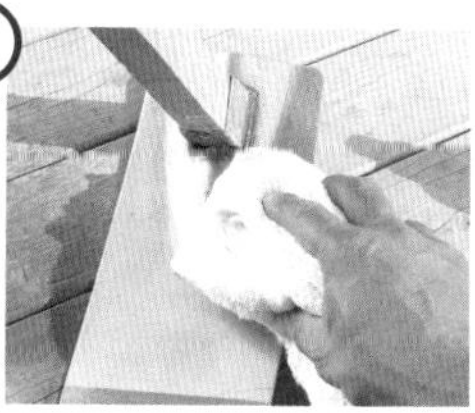

余分な油を拭き取る。毎日行うと畑の土によくないので、月1回程度に。

COLUMN

「体験農園」は、こんなところです

私が園主をしている「百匁《ひゃくめ》の里」は、体験農園。正式には農業体験農園といって、1996年に練馬区で始まった制度です。自治体が設置する市民農園と違い、農家が開設し、都や区のバックアップを得て運営しています。

練馬式体験農園の特徴は、農家が決めた栽培プランを体験していただく場所だということ。道具もそろっていますし、苗やタネ、肥料など畑で使うものはすべて用意されています。月に数回、栽培指導の日を設け、座学では黒板を使って作業の解説を行います。それを受けて、会員さんがおのおの栽培スペースで実践し、農業を体験するというわけです。

自分の区画の野菜の手入れは、いつ来てもOK。

「百匁の里」では、1人当たりの栽培スペースは3.3m×9m。体験期間の3月半ばから翌年1月半ばまでに、40種類ほどの野菜を栽培できるよう、菜園プランを組んでいます。10年以上通っている会員さんもいるので、毎年同じ野菜ばかりにならないよう工夫しています。

2月～3月半ばの閉園中は「土作り」の期間。翌年度も会員さんたちの野菜が元気に育つよう、トラクターやサブソイラーで畑を1mほど深くまで耕して寒気にさらしたり、畑の一角で作っている、残渣の堆肥を入れたりしています。おいしい野菜を作るには、何より力のある土が大切なんですよ。

12月の餅つきは
百匁の里の定番イベント。

共用の農具はきちんと手入れされ、
定位置で出番を待つ。

座学では黒板を使って、
その日の作業を説明する。

PART 3

野菜別 プラスα《アルファ》のテクニック

どんな品種を育てる？
収穫量を増やすには？
もっとおいしい野菜にしたい！
そんなときに知っておきたい、
知って納得&お得なテクニックを、
春夏スタート、秋冬スタートに
分けて紹介します。

おいしく収量アップに、
このひと技！

スゴ技 58

【エダマメ】

「根切り」をして実つきをよくする！

エダマメのさやつきが悪い要因の一つに、「つるボケ」があります。これは、一見、株自体は元気よく育っているのに、葉や茎ばかりが茂って、肝心のさやつきが悪くなる現象です。

特にマメ科の野菜の場合、「根粒菌《こんりゅうきん》」と呼ばれる根粒が根に共生し、根からチッ素を取り込んで、エダマメに養分を供給する性質があります。肥料を与えすぎると茎葉ばかり茂る「つるボケ」になりやすいので、適量を心がけましょう。

草丈を抑えることでさやつきをよくするテクニックもあります。初生葉《しょせいよう》（双葉の次に出る葉）が出始めたころ、いったん株を引き抜いて主根《しゅこん》の先端部分を3㎝ほど手でちぎるかハサミで切る「根切り」を行うのです。根を切ったら、再び元のマルチの穴に植え戻します。この作業をすると、株に刺激が加わり、枝に養分を送る前に根に養分を送るため、草丈を抑えることができます。結果、茎が太くがっしりとし、風の影響を受けにくいため、生育中に斜めに倒れたりもしないことから、花芽《はなめ》がたくさんついて大収穫が期待できます。

根粒菌は土中にすむ微生物の一種で、根に粒状の根粒を作る。エダマメなどマメ科の野菜の根に見られる。

スゴ技 59

夏まき秋どりは、濃厚なコクが味わえる！

一般的なエダマメの作型は、春まき夏どりですが、夏にまいて秋に収穫する夏まき秋どりも、ぜひ試してみてほしい作型です。秋どりのエダマメは、夏どりに比べてやや手間はかかりますが、クリーミーなコクと濃厚な甘み、ホクホクした食感が後を引き、一度食べたらやみつきになるおいしさ。夏どりとはまた違ったこの味が忘れられず、毎年チャレンジしたくなるほどです。

まきどきは8月中旬。暑さで発芽しにくいので、遮光ネットをかけて発芽をそろえます。そのほかは春まきと同じ要領で育てます。また、絶品のおいしいエダマメを作りたいなら、開花する前にうまみ成分をアップさせる有機質肥料（魚粉やカニ殻）を1株に1つまみほど追肥するのがコツ。その後、たっぷり水をやると太りがよくなります。

①初生葉が出始めたら根ごと引き抜き、主根の先端を3㎝ほど手でちぎるか、ハサミで切る。

②よい株を1穴当たり2本選んで、元のマルチの穴に再び植えつける。

③たっぷり水をやり、根を落ち着かせる。

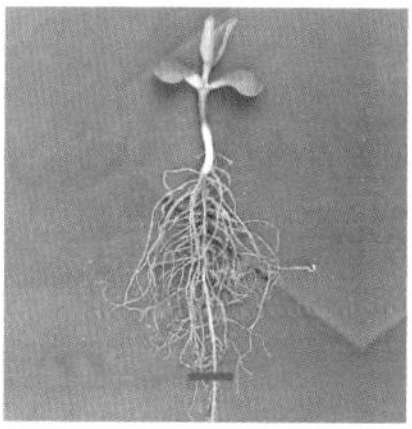

わかりやすいように土を落とした例。主根を3㎝ほど切る（引き抜いたとき切れる場合もある）。

【インゲン】

スゴ技 60

「つるなし種」が柔らかくて、おいしい！

暑さに強く、栽培が比較的容易なインゲン。つるが2m以上に長く伸び、支柱を立てて育てる「つるあり種」と、つるが伸びず草丈が40〜50㎝と低めの「つるなし種」があります。好みの問題もありますが、個人的には、食味の面でも栽培の面でも、つるなし種のほうが断然おすすめです。

つるあり種は、初期のころはスラリとまっすぐなさやが多いのですが、つるなし種に比べてさやがやや堅めなのが特徴。収穫の終わりの時期にはすじっぽくなり、豆のふくらみが目立って、ややごつごつとした見た目になります。最終的な収穫量はつるなし種よりも多いものの、下のほうから花がつき、順々にさやが大きくなるので、1回の収穫量はそれほど多くありません。

一方、つるなし種は、さやがスラリとして皮が柔らかく、豆が太りにくく、ふくらみが目立ちにくいのが特徴です。細めのさやは、口に入れるとサクサクとした食感で、すじっぽさがないので食べやすいのもよいところ。

草丈がそれほど高くならないつるなし種は、仮支柱程度でよく、長い支柱は不要。つるあり種よりも収穫までの期間が短く、春と秋の2回、作ることも可能です。一度にある程度の量が収穫できるので、調理がしやすいというメリットもあります。「少し早いかな」というタイミングで若どりすると、ジューシーさと甘さがより際立ちます。

【トマト】

スゴ技61

2か所で根を張らせ、長期間収穫！

ちょっと上級編ですが、収穫期間が長くなる植え方を紹介しましょう。トマトを植えつける際、ポット苗を斜めに寝かせて植えつける「寝かせ植え」です。さらに茎の途中を土に埋めて発根させることで、2か所の根から栄養分を吸収できるようにして根量を増やし、生育を促します。実をたくさんつけても夏バテしにくく、長期間収穫できますし、徒長気味の苗でも、草勢が回復しやすくなります。

植えつけのときは、株間60cm間隔で植え穴をあけます。苗を倒す分、株間は広くとります。苗を斜め45度の角度で、根鉢《ねばち》全体が土の中に埋まるくらいの深さに植えつけます。根が活着して枝先が上を向いたら、株元から30cmくらいのところの枝を曲げてUピンなどで押さえ、土をかぶせて発根させます。

植えつけ

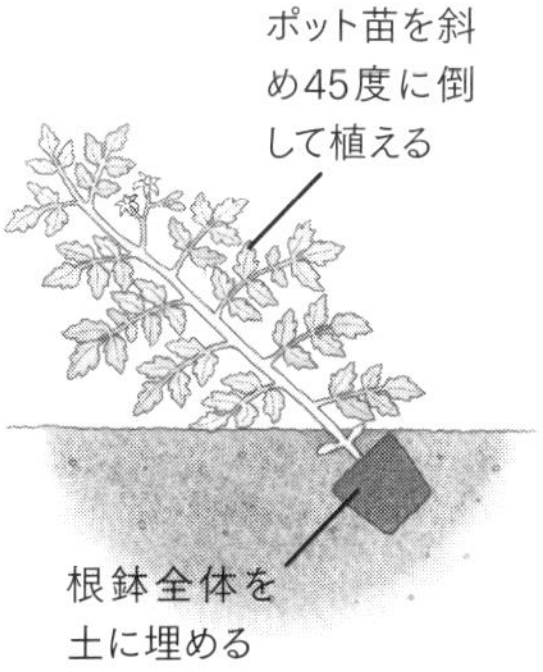
ポット苗を斜め45度に倒して植える
根鉢全体を土に埋める

茎を曲げる

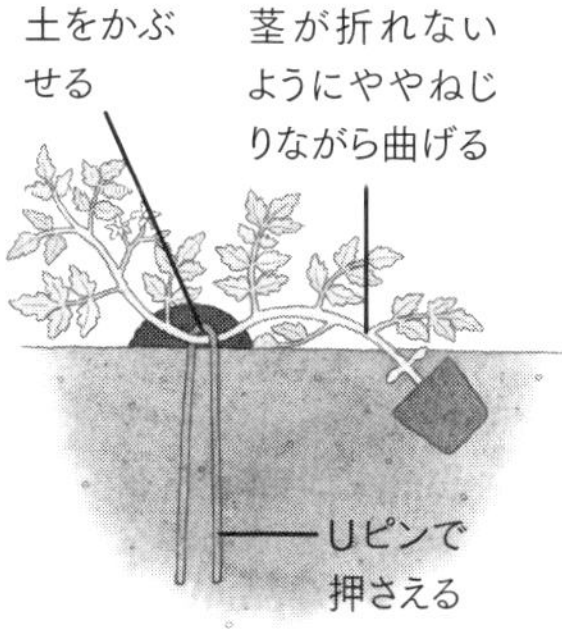
土をかぶせる
茎が折れないようにややねじりながら曲げる
Uピンで押さえる

支柱を立てる

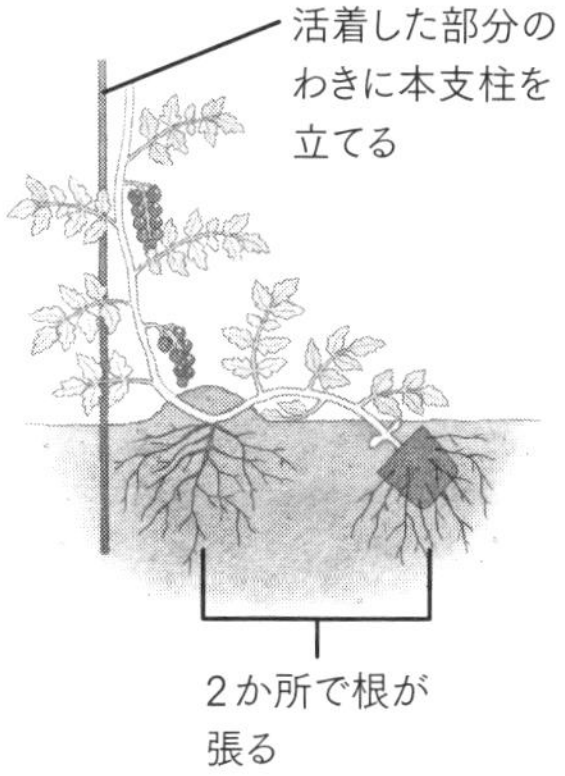
活着した部分のわきに本支柱を立てる
2か所で根が張る

【トマト】

スゴ技 62

どっさり収穫！「2本のループ仕立て」

通常、トマトの栽培は、主枝《しゅし》から出るすべてのわき芽を取り除く、「主枝1本仕立て」が主流ですが、ミニや中玉などの品種を育てる場合、主枝と側枝《そくし》1本の計2本を伸ばす「2本仕立て」にすると、主枝1本仕立てに比べて収穫量が1.5倍以上にアップします。

側枝として伸ばすのは、基本的に第一《だいいち》花房《かぼう》のすぐ下のわき芽ですが、それよりも元気なわき芽があればそれを伸ばします。ただし、株元から伸びる側枝は、元から折れやすいので避けてください。

植えつけ後は、アーチ形支柱（長さ240㎝、アーチ幅60㎝、太さ2㎝）2本を上部でクロスさせて立て、主枝、側枝ともに、支柱にらせん状に誘引します。茎が伸びてループの形ができ、葉が混み合い始めたら、支柱の内側の葉を少しだけ落とします。花房の間にある葉3枚のうち、内側に出ている葉1枚を落とすイメージです。これにより内部の風通しがよくなり、蒸れを防ぐことができるほか、病害虫の被害を防ぎ、どっさり実をつけることにもつながります。

ループ仕立てなので数えにくいかもしれませんが、下から3段目の実を収穫するころから追肥を開始します。1回目はマルチのすそをはがして肩の部分に化成肥料40〜50g／㎡をまきます。2回目以降は根が張ってくるので、マルチをめくらず、畝《うね》の少し外側にまくようにします。2週間に1回、同量の追肥をするのが目安です。

豆ワザ!

ねじりながら誘引を

トマトの茎は繊維質が多く折れやすいが、ねじる方向の力には比較的強い。支柱に沿わせて曲げるときは、ねじりながら誘引し、次の支柱へと伸ばしていこう。

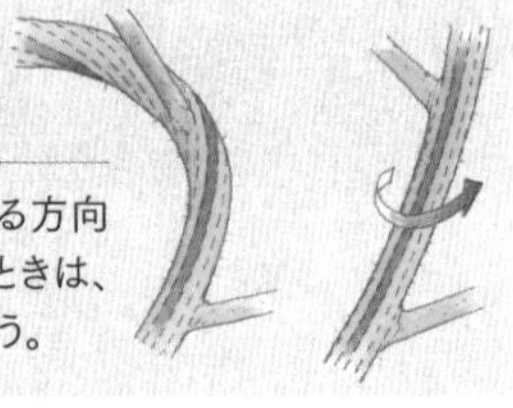

①

酸度調整を済ませ、完熟牛ふん堆肥2～3ℓ／㎡、熔《よう》リン50g／㎡、化成肥料100g／㎡をまいて耕し、50㎝×50㎝の畝を立てる。

②

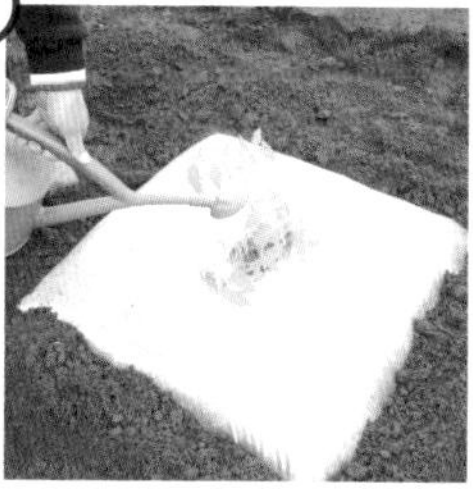

透明か黒のマルチを張り、中央に苗を1株植えつけて、防虫ネットを張る。

③

植えつけの3～4週間後、一番《いちばん》花《か》に人工授粉をする。植物ホルモンの散布のほか、房の上部を軽くたたいても。

④

4～5週間後、草丈が70～80㎝になったら防虫ネットを外す。長さ240㎝のアーチ形支柱2本を十字にクロスさせて立て、上部を麻ひもで固定する。

⑤

主枝と元気な側枝1本が伸び出してきたら、向かい合った支柱にそれぞれ麻ひもなどで誘引する。2本の枝から出るわき芽はそのつど取り除く。

⑥

伸びた枝を支柱にらせん状に巻きつけ、麻ひもで誘引する。それぞれの枝が交差しないように配置する。

⑦

葉が混み合ってきたら、内側に伸びている葉をハサミで切って、風通しをよくする。下から3段目の実を収穫するころ、化成肥料40～50g／㎡を追肥する。以後は2週間おきに追肥する。

⑧

主枝と側枝を1本ずつ伸ばし、ループ状に誘引していくと、こんなふうに育つ。1株から180個も夢じゃない！

【ナス】

スゴ技63

丈夫さならつぎ木苗、本来の味なら自根苗！

春になると、ナスやピーマン、キュウリなどの苗売り場で、「つぎ木」と表示された苗が並びます。「なんとなくよさそう」と、つい購入してしまう方も多いかもしれません。

つぎ木苗は、育てたい野菜を、別の野菜の土台（台木）につぎ合わせた苗のこと。たとえば、ナスの場合は、台木として、より原種に近くて丈夫な「赤ナス」などの品種が使われています。台木に育てたい野菜をつぐことによって、①連作障害に強い、②根張りが旺盛になり、収穫量のアップが期待できる、③低温下でもよく成長するなどのメリットがあります。価格は高めですが、丈夫で失敗が少ないので、ナスの栽培が初めての方、前作で何を作っていたかわからないときには特におすすめです。

一方、つぎ木していない苗は、「自根苗《じこん》」「実生苗《みしょう》」などと呼ばれます。つぎ木に比べて安価で入手できるので、ナス科を連作していないスペースにはおすすめです。品種本来の特性が出やすいといわれ、つぎ木苗に比べ、果実の味がよいともいわれています。科学的な根拠はありませんが、地上部と同じ根で育つので、養分や水分がスムーズに供給され、よい実が育つのかもしれません。

ちなみに中長ナスの場合、手のひらにすっぽりのるくらいの小ぶりのもののほうが、皮が柔らかく、ジューシーでおいしいですよ。どちらのタイプの苗を買った場合でも、ぜひお試しください。

スゴ技 64

散水シャワーでナスの夏バテを解消！

雨が多く、気温が高い梅雨どきは、高温と水分を好むナスにとっては育ちやすい環境です。株の勢いもよく、順調に生育します。ところが梅雨が明け、乾燥や日照りが続くと、花つきが悪くなって実の数が減り始めます。株の勢いが弱まると、葉の先端や裏側などに、アブラムシやハダニなどの害虫がつきやすくなります。放置すると、アブラムシが病気を媒介して枯れてしまうこともあるので、早めの対策が重要です。

害虫をガムテープなどにくっつけて取り除く方法もありますが、最も手軽なのが、株全体に水をかけて洗い流す方法です。はす口《くち》をつけたジョウロや散水ホースで、枝の先端や成長点など、アブラムシやハダニがつきやすい部分を入念に狙って、勢いよく水をかけます。特に夏の高温時は、乾燥を嫌うナスにとって、水やりを兼ねられるこの方法はとても有効。高温や乾燥で弱った株の回復にもなり、一石二鳥です。

水やり後、株元（マルチの上）にワラを敷くのもおすすめです。株元に当たる直射日光の熱を遮り、乾燥を防止できるので、夏バテ回復に効果的。水やり時には、クッションになって、土が硬くなるのを防いでくれるメリットもあります。

【ピーマン、シシトウ】

スゴ技 65

花のつきすぎ注意！ 摘蕾・摘花・摘果を

熱帯地域が原産地のピーマンやシシトウは、暑さが大好き。最盛期の夏は次々と実をつけ、両手で持ちきれないほど収穫できます。この満足感は、野菜のなかでもピカイチかもしれません。しかし、ピークを過ぎると、小さく、いびつな実が増えてきます。

ピーマンやシシトウは、伸びた枝の節《せつ》ごとに実をつけ、そこからさらにV字状にわき芽が伸びます。枝分かれするごとに2倍、4倍と枝数が増え、節ごとに花を咲かせます。無駄花（実にならない花）も少ないので、たくさんの実がついて株に負担がかかり、夏バテしやすくなります。その結果、小さくていびつな形の果実が増えるのです。

そこで、摘蕾《てきらい》・摘花《てきか》・摘果《てきか》をして、1株当たりにつく実の数を制限し、秋まで立派な果実を収穫するコツを紹介します。

やり方は簡単です。まず、最初につく実（一〜三番果）は、小さいうちに収穫します。その後、6〜7月の収穫最盛期に花や果実がたくさんついていたら、全体の3分の1くらいの蕾《つぼみ》や花、実を摘み取ります。

その際、株の内側に伸びた枝や、外側の垂れ下がった枝なども剪定《せんてい》しましょう。混み合った枝を切ることで、株の内部の日当たりと風通しがよくなり、生育もぐっとよくなります。簡単にできる剪定法ですが、秋まで大きくて形のよい果実を収穫し続けることができます。

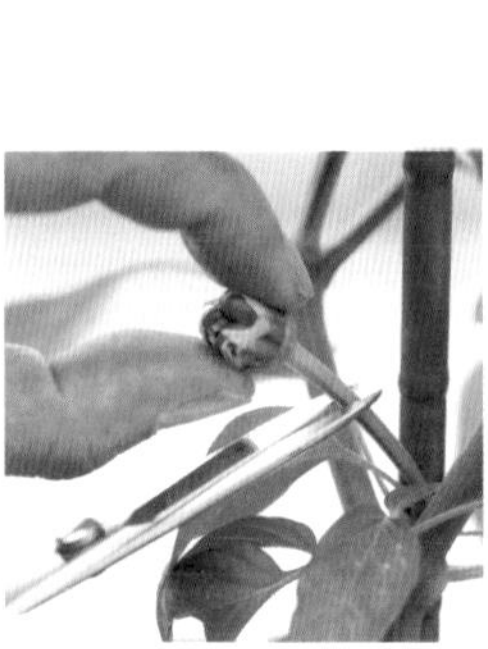

一番花（一番果《いちばんか》）は早めに摘もう。根が十分に張らないうちに実をつけさせると、株自体が成長するための養分が少なくなり、生育が思わしくなくなる。

【キュウリ】

スゴ技66

8~10節で摘心し、よい子づるを出す!

キュウリは5月初旬に植えつけると、7月初旬には収穫を終えてしまう短期決戦型の野菜。鈴なりの収穫を目指すには、初期生育をいかによくするかが成功のポイントです。高温多湿や蒸れを嫌うので、株元をすっきりさせ、通気性をよくすると、株が長もちします。

株元をすっきりさせるコツは、親づるの株元3~5節から出る子づるを早めにかき取ること。3~5節から雌花《めばな》が出たら、これも早めに摘花して株の負担を減らし、初期生育を促して株を大きく育てましょう。

また、株を大きく育ててどっさり収穫を目指すには、摘心《てきしん》の位置にもコツがあります。通常、キュウリの親づるは、支柱の高さくらいに伸びたら摘心しますが、そのころはすでに株もだいぶ弱っているので、新しい子づるが出にくくなります。そこで、8~10節と低い位置で摘心します。すると、まだ株の勢いもあるため、元気な子づるが次々と伸び、左右に広がってたくさんの実をつけ、旺盛に生育するので株が長もちします。

収穫が始まってからも、黄色くなって枯れた下葉、重なり合った葉などはこまめに切り、通気性をよくします。収穫適期の大きさになった果実は、早め早めに収穫して、株の負担を軽減しましょう。また、キュウリの根は浅く張るので、直射日光が根に当たってもダメージを受けやすいもの。梅雨明け後は株元にワラを敷くのも効果的です。

株の勢いが旺盛な8~10節で摘心すると、子づるがよく出る。

株元の3~5節に出る子づるは元から切って風通しを図る。

スゴ技 67

【カボチャ】

実をつける手前の追肥で、味をよくする！

カボチャの地這い栽培では、味をよくするためのちょっとした施肥《せひ》のコツがあります。つるが2m程度に伸びてくると、つるから根（気根）が出てきますが、この根からも養水分が吸収され、実に運ばれています。そこで、実をつける位置（子づるの9～15節）の手前から出る気根の近くに、有機質肥料（油かす、米ぬか、魚粉など）を埋めておくのです。苗を植える際に、つるを伸ばす方向を決めておき、株元から1mほどの場所に1株あたり1つかみ程度の有機質肥料をまき、土とよく混ぜ合わせておきましょう。

こうすると、つるが伸びて出た気根からも肥料分が吸収され、有機質由来のうまみ成分が果実にも転流。甘みがギュッと詰まったおいしい果実が収穫できます。スイカにもおすすめですよ。

スゴ技 68

【スイカ】

遮光ネットで実がうだるのを防ぐ

スイカやメロンなどの大型の果実は、大きく育つ過程で直射日光に当てすぎると、暑

つるから出る気根。この近くに有機質肥料を施す。

さに負けて歯ざわりが悪くなるなど食味が落ちてしまうことがあり、この状態を「う（茄）だる」といいます。

猛暑が予想される年は、果実が大きくなってきたら畝全体に遮光ネットをかぶせたり、切った遮光ネットで果実に袋かけしたりして、暑さから守りましょう。袋かけする場合は、果実の成長を見越し、ゆったりかけるようにします。

ただし、色がきちんとのらないうちに、光の入らない黒いシートなどで完全に遮光してしまうと、皮の色づきが悪くなってしまうので注意しましょう。

スゴ技 69

おいしいとりどきは、巻きひげを見よ！

おいしいとりごろを見極めるのが難しいスイカ。果実をたたいたときの音などでは、適期を正確に見極めることはできません。成熟の目安を知るには、品種ごとの受粉後の日数や積算温度（毎日の気温の累積）を把握するのが確実ですが、自然受粉した場合はお手上げでしょう。

そんなときは、巻きひげに注目。果実の周囲の巻きひげを観察することによって、ある程度、果実の熟期を判断することができます。成熟してくると、果実のへた（果梗《かこう》部）の近くの巻きひげが茶色く枯れてきます。とりごろかどうか悩んだら、これも一つの目安にするとよいでしょう。巻きひげは、1か所だけでなく、果実のついた部位の前後2か所を確認すると、より安心です。

果実がついた部分の茎にある巻きひげが茶色くなっているか確認しよう。

【トウモロコシ】

スゴ技 70

風で倒れても、手で起こすべからず！

草丈2m前後と上に高く伸びるトウモロコシ。夏の暑い時期にとれたての果実をゆでたり、焼いたりして食べるのは至福といえます。

トウモロコシは、根張りが強いものの、1本の茎が直立して伸びる草姿のため、横からの風にきわめて弱い性質があります。そのため、強風などによって、株元から大きく倒れてしまっている光景をよく目にします。株数が少なければ、事前に支柱を立てたり、周囲にひもを張ったりすることもできますが、広いスペースではそれも難しいもの。

そんなときは、風で倒れても慌てて茎を起こさず、そのままにしておくのが賢明です。何もしなくても、数日たつと、茎が自然に立ち上がってくるので安心してください。

無残に倒れてしまったトウモロコシを見たら、誰もがとっさに起こしたくなるものです。でも、その気持ちをぐっとこらえ、そのまま見守りましょう。手で無理やり茎を起こしてしまうと、風で倒れて傷ついた主根や気根（株元から地面に伸びている根）がダブルのダメージを受け、さらに弱ってしまいます。

トウモロコシは、株の上部に咲く雄花《おばな》の花粉が下に落ちて、雌花の雌しべ（ひげ）に受粉することで受精します。花粉が飛ぶ時期（雄花が咲いている時期）に株が倒れてしまった場合、揺らしただけでは受粉がうまくいかない可能性大。そんなときは咲いた雄花を切り取り、雌花の近くでトントンと花粉を落とし、人工授粉するとよいでしょう。

倒伏を防ぐため、株元を挟むようにしてUピンをさし、押さえる方法も。株数が少ないときなどに便利。

スゴ技 71

先端を折ってみて、食べられるかを判断

夏の暑さに強く、早朝に開花する美しい花が印象的なオクラ。切り口が五角になる「五角オクラ」、切り口が丸い「丸オクラ」などがあります。

五角オクラの場合、開花後3～4日、人さし指くらいの長さ（7～8㎝）が収穫適期ですが、さやは数日で大きく成長します。大きくなりすぎると堅く、すじっぽくなってしまいますが、見た目だけではわかりません。大きく育ったさやでも食べられる場合、逆に小さくても堅い場合があるからです。

そんなときに試してほしいのが、先端（とがっているほう）をポキっと折ってみる試し折りです。さやの先端を指でつまんで折り曲げ、ポキっと折れれば食べられます。反対に、先端を折り曲げてみて、ぐにゃっとして折れないようなら、すじっぽくて食べられません。

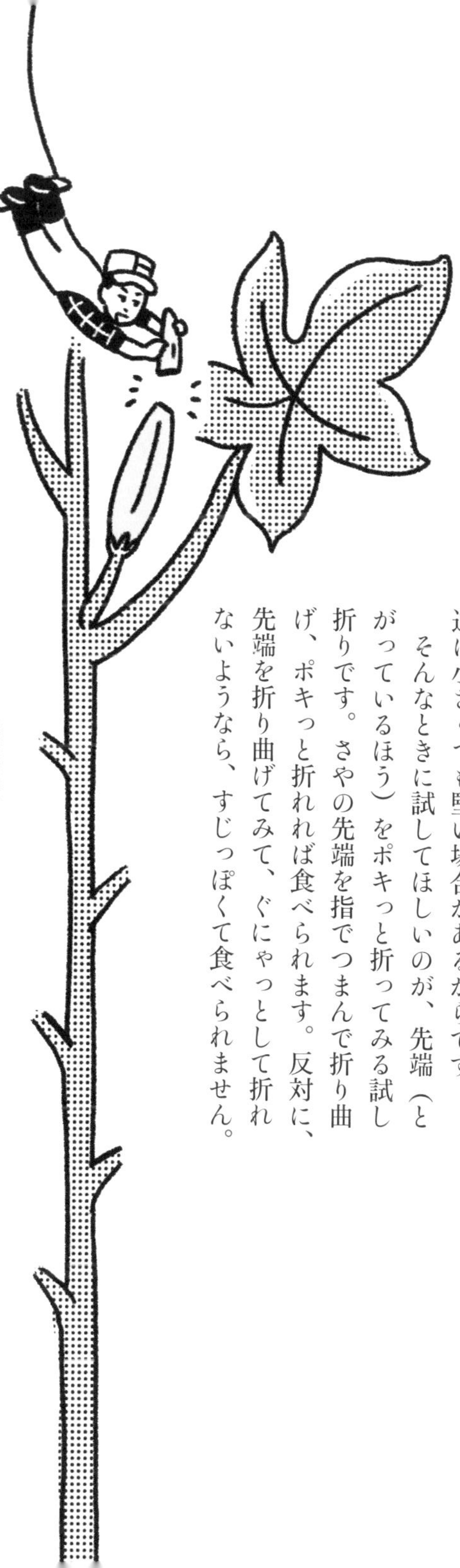

【ジャガイモ】

スゴ技 72

タネイモは縦に切るべし！

春になり、まず最初に栽培をスタートすることが多いジャガイモ。タネイモと呼ばれるイモを植えつけて栽培しますが、病気になるのを防ぐため、食用のものや自家製のものを避け、信頼のおける園芸店やホームセンター、インターネット通販などで入手した栽培用のタネイモを使用します。

タネイモは、品種にもよりますが、SサイズからLサイズまで、大小さまざまなものがあります。大きいタネイモを入手した場合は、そのまま植えつけず、50～60gの大きさに切って使うのがお得です。

タネイモの切り方にはコツがあります。切り分けたそれぞれのタネイモに、芽が必ず1～2個つくように包丁で切ります。

切るときの向きは、芽がある部分から、へそ（ストロンと呼ばれる茎のあと。へこんだ部分）に向かって縦方向に切るのが基本。ジャガイモの繊維には維管束《いかんそく》と呼ばれる養分や水分を通す管があり、横向きに切るとその通り道が寸断され、生育が悪くなることがあるからです。

切ったタネイモは、そのまま植えつけると腐りやすいので、風通しのよい場所に重ならないように並べて乾燥させ、切り口がコルク状になったら植えつけます。乾かす時間がないときは、草木灰《そうもくばい》やジャガイモ専用の切り口処理剤などをつけましょう。

豆ワザ！

まるごと使うタネイモは へそを切る

タネイモが小さい場合は、まるごと植えつけるが、その際、芽のあるほうの反対側（へそのあるほう）の一部を包丁でカットする。こうすると、イモに刺激が与えられ、芽の生育がよくなる。

スゴ技 73

深植え厳禁。浅植えで失敗なし！

ジャガイモのタネイモを植える場合、切り口を下にして、30㎝間隔で植えつけるのが基本です。植え溝の深さは、通常、地表から10～15㎝ですが、あまり土を多くかけると、芽が出るまでの時間が長くなり、生育が遅れてしまう一因になります。

また、深植えすると、雨などで土中に水がたまり、タネイモが腐る原因になってしまいます。そこで、溝はあまり深く掘らずに10㎝程度とし、かける土は少なめ（厚さ5㎝ほど）にします。

すると芽が早く出てきます。その後の生育も早くなり、本格的な梅雨がくる前に収穫できるので、イモの腐敗予防になります。溝を深く掘る必要もないため、植えつけの時間短縮にもなり、おすすめです。ただし芽が出るのが早い分、春の遅霜には注意する必要があります。地上部に出た芽に霜が当たると、葉が黒くなり、初期生育が遅れてしまいます。そのため、霜の注意報が出たら、穴あきの保温シートか防虫ネットをトンネルがけするか、不織布などをべたがけして、霜で葉が傷むのを防ぎましょう。

ちなみに、ジャガイモの植えつけ方の一つとして、タネイモの切り口を上にして植える、「逆さ植え」の方法もあります。この方法で植えつけると、側面の強い芽だけが、上向きに伸びやすく、真下の芽は地上に出にくいので、芽の数が限定されます。強い芽だけが伸びるので、芽かきの手間が不要になります。ただし、側面の芽が出ない、タネイモの切り口に水がたまって腐敗しやすいなどのリスクもあります。

豆ワザ！

米ぬかでそうか病を予防！

そうか病は、土壌のpHが上がると発生しやすくなる。ジャガイモが好むpH値（5.0～6.0）になるよう苦《く》土《ど》石灰《せっかい》をまいて調整する。加えて、発酵済みの米ぬかを、植えつけスペースにうっすらと散布することで、pH値が上がりにくくなるといわれる。

【サツマイモ】

スゴ技 74

さし苗をしおれさせない工夫

乾燥や暑さに強いサツマイモは、初心者でも栽培しやすい野菜。栽培は、「さし苗」と呼ばれる、つる先を切ったものを苗として植えつけます。

さし苗の植えつけは、ややデリケートな作業なので、ていねいに作業することが肝心です。さし苗を上手に根づかせることさえできれば、その後はほぼ放任でOKなので、しっかりポイントを押さえましょう。

まず、さし苗はなるべく新鮮なものを入手します。茎の長さは25～30㎝、茎が太くて葉が多く（7～8枚）ついているものがベスト。サツマイモは、土に埋まった節ごとにつくので、できるだけ節間《せつかん》が短く、節の数が多いものを選ぶのがベターです。

植えつけまでに日数がある場合は、苗の鮮度を保つため、風の当たらない日陰で、水を張ったバケツに切り口をつけて保存します。水でぬらした新聞紙で包み、涼しい日陰で保存するのもよいでしょう。

植えつけは、曇りの日か、15時以降に行います。強い日ざしに当たったり、乾燥した土に植えると、苗がしおれ、枯れることもあるので、植えつけ後はたっぷり水やりし、遮光ネットをトンネルがけして日陰を作ると、より根づきやすくなります。

植えつけから5～7日後、苗の先端が立ち上がってきたら活着した合図。遮光ネットを外し、日光をたっぷり当てて育てましょう。

水を張ったバケツなどにさし苗の切り口を浸し、しおれさせないようにする。

さし苗は、長さ25～30㎝で、茎が太くて節間が短く、緑色が濃い新鮮なものを選ぶと、根づきがよい。

スゴ技 75

植え方で太り方が違う。おすすめは斜め植え

サツマイモの植えつけは、さし苗からスタートします（100ページ参照）。イモが太るスペースを作るため、30～40㎝くらいの高畝にします。水はけのよい土でよく育つため、特に土壌水分の多い場所では、畝を高く盛り上げるようにするのがポイントです。

イモは、土の中に埋まった節の部分にできるので、苗の節を土の中に埋めるようにして植えつけます。このときの苗の角度によって、「垂直植え」「斜め植え」「船底植え（水平植え）」などのバリエーションがあります。

一般的に、苗を垂直方向に植えつけるほど、イモが大きくなる傾向にあり、水平方向になるほど、小さくなる傾向にあります。こう聞くと「大きいほうがいい」と思われるかもしれませんが、1本の苗からできるイモの総量はほぼ同じなので、大きいイモは数が少なく、小さいイモはたくさんできます。

そこで、双方のいいとこどりとしておすすめなのが、「斜め植え」です。大きすぎず、小さすぎない、調理などで使いやすいサイズのイモが収穫できます。また、マルチ栽培の場合は、水平植えはできないので、斜め植えか垂直植えにします。

斜め植えでは、30度程度の角度で、先端の葉が地上に2枚ほど出るくらいの深さで苗を土にさし込みます。さし苗がしっかり活着すれば、あとはほぼ手間いらず。秋には楽しいイモ掘りが待っています。

斜め植え

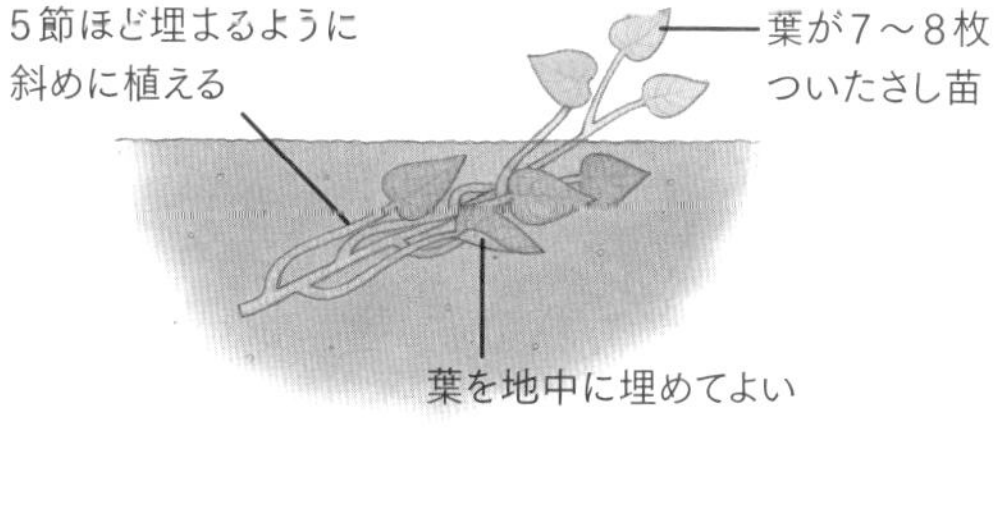
5節ほど埋まるように
斜めに植える
葉が7～8枚
ついたさし苗
葉を地中に埋めてよい

【サトイモ】

スゴ技76

マルチで保湿すると、イモが大きく育つ!

熱帯地方原産のサトイモは、高温多湿を好む野菜。乾燥を嫌うので、土が乾きにくい半日陰の場所で育てるのがおすすめです。

タネイモを植えつける際は、黒マルチを張るのがおすすめです。マルチには乾燥防止のほか、地温上昇、雑草防止効果などが期待できます。

サトイモの植えつけ適期である4月は、まだ気温が低い日が多く、そのまま植えつけると芽が出るのが遅くなりがちです。マルチを張ることで地温が高まり、萌芽や初期生育がよくなります。また、梅雨明け後の夏の土壌乾燥も防げるので、株の生育が早まり、イモが大きく育ちます。

黒マルチは、穴なしタイプを使います。タネイモを植えつけたあとに畝の表面をならし、その上にマルチを張ります。芽が地上部に出てくる際、マルチが少し盛り上がってくるので、速やかにマルチを切って芽を外に出します。

7月になると地上部の茎葉が大きく育ち、地下のサトイモの肥大も始まりますが、マルチは張ったままでOKです。通路に追肥をし、マルチの上に土をのせて株元に土寄せします。ただしこの方法は、収穫時にマルチを取り除く手間がかかります。時間とともに土の中で分解される「生分解性マルチ」などを利用すると、はがす手間がかからないのでおすすめです。途中でマルチをはがし、株元に土寄せする方法もあります。その場合は、葉がまだ小さい6月ごろにはがします。

【ニンジン】

スゴ技 77

点まきでタネを節約＆間引きも手軽！

「発芽したらほぼ半分は成功」といわれるほど、発芽が難しいニンジン。タネまき適期の7月は、梅雨明け後の高温乾燥が続き、特に発芽させるのが難しい時期にあたります。タネまきは、失敗のリスクを減らすため、タネを多めにまく（厚まきする）のが得策ですが、タネが余分に必要なうえ、そのあとの間引き作業が大変です。

そこで、間引きの手間を減らしつつ、確実によい株を残せる方法でタネをまきます。それが、タネを5㎝間隔に、1か所に7〜8粒ずつ点まきする方法です。タネを密にまくことで、株どうしが一斉に発芽しようとして土を押し上げる「共育ち」の効果が働き、発芽率アップが期待できます。また、タネの数が多いと土中に潜むネキリムシなどの害虫が、発芽後のニンジンを根こそぎ食べてしまうリスクも軽減します。

間引きのときも、点でまいているため、残す株をバランスよく選ぶことができます。1か所当たり、本葉1枚で5〜6本に、本葉2〜3枚・草丈7〜8㎝で3本に間引き、草丈8〜10㎝で1本にします。

こんな便利なタネまき法ですが、まき溝が深すぎたり、乾かしてしまったりしては台なしです。ニンジンのタネは好光性種子なので、まき溝を深くしすぎないこと（適正は深さ7〜8㎜）、しっかり鎮圧（48ページ参照）すること、そしてできれば、もみ殻をまいてさらに不織布で保湿することも忘れないでください。

ニンジンの点まき

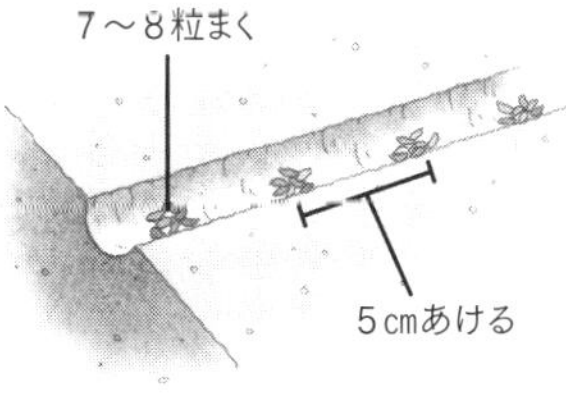

【ゴボウ】

スゴ技 78

袋栽培で、ラクラク収穫！

ゴボウの根は地中深く伸びるため、収穫の際も土を深く掘る必要があり、家庭菜園ではややハードルの高い野菜。そこでおすすめなのが、野菜用培養土の袋を使った「袋栽培」です。袋栽培なら、培養土をそのまま使って栽培することができ、収穫は袋を破るだけなので、手軽に栽培できます。根の長さ50～60㎝のミニゴボウでチャレンジしてみましょう。

まずは、40ℓ程度の野菜用培養土を用意し、袋ごと日の当たる畑の隅などにセットします。太さ2㎝程度の支柱を袋のまわりにさして固定しましょう。

次に、底や側面の下部（5～10㎝の高さ）に、目打ちなどで排水用の穴をあけます。グルリと1周、15～20か所程度を等間隔にあけ、最後に上部をハサミで切って開けます。

タネは殻が堅くて発芽しにくいため、水に一昼夜つける「芽出し」をしておきます。好光性種子のため、まき穴の深さは7～8㎜にし、7～8㎝間隔で3～4粒ずつ、9か所にタネをまきましょう。その際、袋の中の培養土が乾いていたら、事前に土に水をやって湿らせておきましょう。カラカラに土が乾いた状態でタネをまくと、水やりとともにタネが潜ってしまうため、発芽しにくくなります。

その後は本葉4～5枚のころまでに1本立ちにし、以後は2週間おきに、水で薄めた液体肥料を追肥します。葉が黄色くなってきたらとりごろです。

袋を切り開いて土をほぐせば、立派なゴボウが出てくる！

【ミョウガ】

スゴ技 79

3〜4年に1回の植え替えで、収穫量アップ!

シャキッとした軽快な歯ざわりが楽しめるミョウガ（花ミョウガ）。日本料理と相性がよく、独特の香味は、夏の暑さで低下しがちな食欲を増進させてくれます。

半日陰を好むミョウガは、同じ場所で長い間栽培できますが、3年以上経過すると、次第に株が混み合ってきて収穫量が減り、よい花ミョウガがとれなくなってしまいます。そこで3〜4年に1回、思いきって根株を掘り上げて、別の場所に植え替えます。ほかに場所がない場合は、根株を掘り上げたあと、同じ場所に堆肥をたっぷり入れて念入りに耕し、植え直すとよいでしょう。

植え替えの適期は、地上部が枯れた1〜3月。ミョウガは暖かくなると芽が伸び出してくるので、その前に済ませることが大切です。スコップで根株をていねいに掘り上げ、15cm程度に切り分けておきます。切った根株のうち、芽が3つくらいついた充実したものを選んで植え替えます。

植え替える場所は、スコップなどで深さ30cm程度まで耕し、古い根や枯れ葉などを取り除きます。深さ30cmの溝を掘り、完熟の植物性堆肥（腐葉土、バーク堆肥など）をたっぷり施し、厚さ10cmほど土を戻します。そこへ根株を3本くらいずつ、30cm間隔で並べ、10cmほど覆土すれば完了。土の表面にもたっぷりと堆肥をかぶせれば、株の勢いが増し、たくさんの花ミョウガが収穫できます。

【ニラ】

スゴ技 80

「捨て刈り」と植え替えで、よい葉を作ろう

ニラの栽培は、タネからでもスタートできますが、収穫までに2年ほどかかるので、苗を入手して植えつけるのがおすすめ。土作りをした畝に、10〜15㎝間隔で、数株をまとめて植えつけます。その後、葉が伸びてきますが、最初の葉は細く、堅いので、いったん刈り取ってしまいます（捨て刈り）。その後、20日前後で柔らかく幅広の葉が伸びてくるので、地上部を2〜3㎝残して収穫します。捨て刈りは、品質のよい葉を収穫する近道。暑さで生育が弱ってきたときにも有効なので、ぜひ試してみてください。

数年栽培していると、株が混み合って根が窮屈になり、捨て刈りだけではよい葉がとれなくなります。できれば毎年、別の場所に植え替え、株を更新するのがおすすめです。

【長ネギ】

スゴ技 81

晴れ続きなら葉先を切ろう

長ネギ栽培には、春にタネをまいて苗を作り、夏に植えつける作型と、秋にタネをまいて苗を作り、春に植えつける作型があります。春まき夏植えの場合、植えつけ作業は、

葉の青い部分を半分程度の位置で切る。

夏の強烈な日ざしが当たる時期にあたります。そのため、植えつけ後の苗が高温や乾燥でダメージを受け、しおれたり、枯れたりすることがあります。

そこで植えつけ予定日と、それ以降の天気予報を確認し、植えつけ後にしばらく晴天が続きそうなら、植えつけ前の苗の青い葉の部分（葉身）を、半分ほど包丁で切ってしまいましょう。蒸散が激しい青い部分を切り取ることで、乾燥に強くなり、活着のスピードも速くなります。切らずに植えた苗に比べ、生育はややゆっくりになりますが、苗ががっしりとして倒れにくく、植えつけ作業もラクにできます。

葉の切り口から雨が浸入すると、腐敗しやすくなるので、植えつけ後に雨が予想される場合は、切らずにそのまま植えつけましょう。

スゴ技
82

支柱を使えば、植えつけ時に苗が倒れない

溝を掘って垂直に植えた長ネギの苗は、溝の壁面に立てかけて根元に少し土をかけただけなので、とても不安定。風で振り回されたり、倒れたりすると、根の活着が遅れて生育がそろいません。そこで、支柱を使って苗を固定するのがおすすめです。

やり方は簡単です。苗を植えつけたあと、植え溝より少し長い、太さ1㎝程度の支柱を用意します。苗に沿って支柱を渡し、支柱の両端を溝の外側にUピンなどで固定するだけです。溝が長くて支柱の長さが足りない場合は、麻ひもを張って苗を押さえてもよいでしょう。植えつけ前に支柱やひもを渡しておき、その間を通すようにして植えつけてもかまいません。

支柱を植え溝に渡し、両端をUピンで押さえる。

【長ネギ】

スゴ技 83 とりたい太さで株間を変える

長ネギの太さは、株間で決まることをご存じでしょうか。株間を広くあけて植えた場合は太いネギに、狭くすると細いネギになります。この習性を利用すれば、株間を変えるだけで、好みの太さのネギを作ることができます。

白い部分（葉鞘《ようしょう》部）の太さが2㎝程度のネギを作りたい場合、一般的な株間は5～6㎝。それより太く、立派に育てたいときは、8㎝の株間をとります。

植えつけ後、40日間ほどは追肥のみで、土の埋め戻しや土寄せを控え、9月下旬になってから3週間ごとに追肥と土寄せを行いましょう。

スゴ技 84 長ネギの苗は自作して、葉も食べるべし！

6月下旬～7月上旬に長ネギを植えつけるとき、ちょうどよい大きさの苗がない、ということはありませんか。長ネギの苗は畑で容易に育苗できます。

タネまきの適期は3月上旬。畝幅70～80㎝の栽培スペースに、苦土石灰100～150g／㎡をまいてよく耕します。その後、堆肥2～3ℓ／㎡、化成肥料100～

150g／㎡をまいて耕し、畝を立てます。この時期は、まだ気温が低いので、地温上昇効果のある透明マルチ（穴の間隔は株間・列間《れっかん》ともに15㎝）を張り、1穴に7〜8粒のタネをまきます。発芽率が70〜75％だとすると、1穴に6〜7本の苗が育つので、これを間引かず、そのまま育てていけば苗になります。4〜5月には、マルチの各穴に1つまみずつ、化成肥料を追肥して、生育を促しましょう。

さて、ここで大切なことが1つ。植えつけ予定日の1か月ほど前になったら、育てた苗の太さを確認してください。植えつけ時の理想の苗の太さは直径7〜8㎜ですが、生育具合がよいと、その時点ですでに直径1㎝以上ある、ということもあります。植えつけまでの1か月間でさらに育つため、植えつけ時には太すぎる苗になってしまいます。

そんなときは、株元から2〜3㎝の高さの位置にハサミや包丁を入れ、ばっさり切ってしまいます。すると中心から新しい葉が伸び、1か月後には以前より小ぶりでもがっしりとして、太さもちょうどよい苗ができます。草丈が低く、葉身が短くなるので安定がよく、植えつけやすいというメリットもあります。苗から切り落とした葉も、もちろん薬味などにして食べられます。家庭菜園では、初夏は長ネギの端境期なので、うれしいおまけです。

タネまき

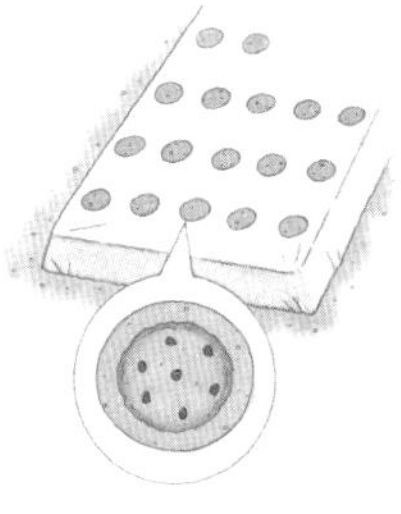

タネを1穴当たり7〜8粒まき、間引かず育てる

苗が太すぎたら

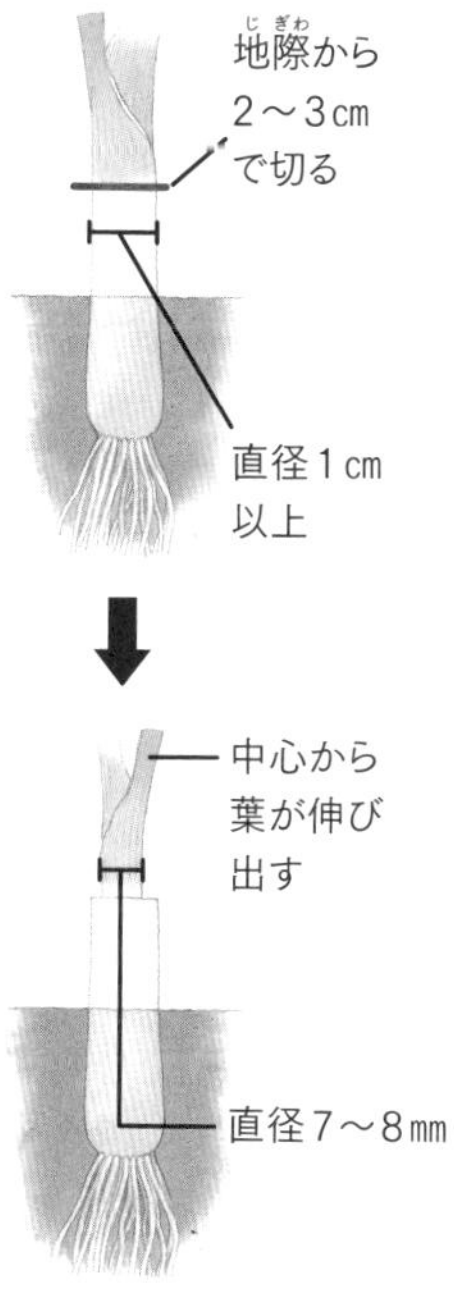

スゴ技85

【ダイコン】まっすぐな根は、深耕精耕と……!?

まっすぐできれいな根にするには、タネまき前の土作りが肝心です。根が土中の障害物に当たると、根が枝分かれする「叉根《またね》」になるので、深さ40～50㎝まで耕し、小石や木片、根などを取り除きましょう。「大根十耕」という言葉がありますが、これは文字どおり、「ダイコンを作るには10回耕しなさい」ということを意味します。必ずしも回数にこだわる必要はありませんが、それほど土作りが重要なのです。

ただし、土の粒子を細かくしすぎると、密着しすぎて根がスムーズに伸びず、かえって生育が悪くなります。栽培スペースの土をふるいにかけたりするのはやりすぎです。

また、根の周囲に肥料が多すぎると、根は肥料を求めて枝分かれすることがあります。肥料をまく際は適量を心がけ、土にまんべんなくまいて、偏らないようしっかり耕しましょう。

間引きの遅れも根が曲がったり、叉根になったりする一因になります。根が地中深く伸び、太り始めるころ（タネまきの3～4週間後、本葉5～6枚程度）までには、最終間引きを済ませ、追肥まで行いましょう。

太い側根《そっこん》が出ているのは、そこに肥料分が多かったしるし。

スゴ技 86

リレー収穫で、3週間おいしさを堪能!

使い勝手がよく、なにかと重宝するダイコンですが、一度にたくさんとれすぎると、さすがに持て余してしまうものです。そこで、同じ品種を一度にたくさん育てた場合でも、長期間楽しむことができるちょっとしたアイデアをご紹介します。

まず収穫適期より1週間前に、一部を収穫して食べましょう。柔らかい葉や、みずみずしい根を楽しみます。次に、適期どおりに収穫します。ここでは、品種本来のおいしさを味わいましょう。葉もまだ柔らかいので、十分に食べられます。

最後は適期から1週間後、少し大きく育ったダイコンを収穫します。適期から1週間遅れる程度なら、まだすは入っておらず、十分にダイコンのおいしさを味わえます。大きく育ったダイコンは、煮物や鍋物などにして、たっぷりいただきましょう。

これで3週間かけてダイコンを味わえるわけですが、もし、それでも食べきれない、という場合は、土中に埋めて保存することもできます。30～40㎝深さの穴を掘り、葉を落としたダイコンを横にして埋め、土を小山状に盛っておきましょう。

ほかに、収穫時期をずらすため、タネまきのタイミングをずらす方法もありますが、これは春作向き。秋作では、タネまきが遅れると、根が十分太りきらないうちに寒さがきて、生育が止まってしまうリスクがあるので、避けたほうが無難です。秋作ではミニダイコン、青首ダイコン、三浦ダイコンなど、収穫時期がずれる品種を同時にスタートするほうがよいでしょう。

収穫時の喜びが大きいダイコン。余すところなく食べ尽くそう。

【小カブ】

スゴ技 87

生育スピードが速いとおいしい!

根菜類のなかでは生育期間が短く、作りやすいカブ。大きさによって、小カブ、中カブ、大カブがありますが、家庭菜園では、小カブが作りやすくておすすめです。煮物や汁物の具にするほか、浅漬け、サラダにも向きます。

さて、品質のよいカブを作るポイントは、生育スピードを重視した栽培を心がけること。順調に生育したカブは、生で食べるとフルーティー、加熱すると柔らかく、とろけるような食感を味わえます。一方で、生育が遅れて収穫までの日数がかかったカブは、繊維が多くて堅く、おいしくありません。

スピードアップ栽培のコツは、間引きと追肥です。土作りをした畝に、1か所3〜4粒のタネをまき、その後、1回のみ間引きを行います。根(胚軸《はいじく》)をよりスピーディーに太らせるには、間引きのタイミングがいちばん大事なので、適期を逃さずに間引きを行います。

カブは、根を最初に深く伸ばし、その後、胚軸が横に太ってカブになります。本葉2〜3枚のころにタイミングよく間引きを行い、1本立ちにします。

その後、化成肥料を1株に1つまみ追肥して、養分を補います。すると生育のスピードが速くなり、本葉7〜8枚のころには根の肥大も始まるので、びっくりするくらいおいしいカブが収穫できますよ。

豆ワザ!

収穫は朝のうちに!

カブの収穫は、朝露が降りている早朝に行うのがおすすめ。日中や夕方に収穫するより皮肌が白く、洗い上がりもきれい。日もちするので、おいしさも長続きする。

【キャベツ】

スゴ技 88

成長点を食べられてしまったら？

結球野菜の代表格ともいえるキャベツ。用途が幅広く、家庭菜園で育てればなにかと重宝する野菜です。多くのアブラナ科野菜のなかでも葉が柔らかく、害虫の被害にあいやすいため、良質のキャベツを収穫するには、害虫対策が欠かせません。

キャベツの大敵といえば、アオムシやコナガ、ヨトウムシなどですが、生育初期のキャベツは、ハイマダラノメイガ（ダイコンシンクイムシ）に成長点を食べられてしまうことがあります。

こうした被害を受けると、中心から新しい葉が出なくなり、本来、大きく結球するはずのキャベツが結球せず、満足のいく収穫は望めません。被害にあった株を見かけたら、苗に余裕がある場合、すぐに被害株を処分して植え替えるのがベストです。

ただ、植物はおもしろいもので、いったん成長点をやられてしまっても、そこからわき芽が出て成長します。本来なら1つの大きなキャベツが育つはずですが、わき芽は複数出るので、小さいキャベツが複数（3～4株）育ちます。

もちろん、大きいキャベツに比べて柔らかさや食味は劣りますが、1株からたくさんの「ミニキャベツ」ができたことになり、ある意味、お得感があります。

キャベツの成長点が食害にあい、仮に植え替えが間に合わなかったら、処分せずに育ててみるのも楽しいかもしれません。

成長点を食害され、小さなわき芽ができたキャベツ。小さな結球が1株に複数ついているさまがユニーク。

【カリフラワー】

スゴ技 89

花蕾を白く！ 美しく！

花が咲く前の柔らかい花蕾《からい》を収穫するカリフラワー。青果売り場などでよく見かけるのは白色の品種ですが、近年はオレンジ色や緑色、紫色などのカラフルな品種、サンゴのような形をしたロマネスコ、花蕾が小さいミニカリフラワーなど、豊富なラインナップがそろうので、好みの品種を選ぶ楽しみも増えています。

カリフラワーの栽培は、7月下旬～8月上旬にタネをまき、8月中旬～9月上旬に植えつけを行うのが一般的です。成長したカリフラワーは、10月ごろになると、株の中央に小さな花蕾をつけます。品種により花蕾の色はさまざまですが、この小さな花蕾を見つけたら、大きくなる前に周囲の葉を内側に折り、花蕾全体を覆って遮光して、保護しましょう。

白色の花蕾の場合、日光が当たると、全体が黄ばんで見た目が悪くなりますが、遮光して保護することによって、真っ白な色を保つことができます。また、寒い時期の霜よけとしても役立ちます。外葉をまとめてひもで縛っても、同様の効果が期待できます。

ちなみに、オレンジ色や緑色、紫色などの花蕾をつけるカラフル品種の場合、しっかりと日光に当てたほうが、発色がよくなるタイプと、日光に当たると悪くなるタイプがありますす。カタログやタネ袋の表示に記してある、品種の特徴をよく確認して対応しましょう。

外側の葉を折って花蕾にかぶせ、遮光する。

小さな花蕾がつき始めたころが、外葉折りの適期。

【ブロッコリー】

スゴ技 90

側花蕾兼用品種で、小さい蕾も食べる！

中央に緑色のドーム状の花蕾をつけるブロッコリー。栄養価も豊富で、クセがなくおいしいので、家庭菜園でぜひチャレンジしたい野菜の一つです。

ブロッコリーは、茎の中央につく大きな蕾（頂花蕾《ちょうからい》）と、頂花蕾の収穫後、その下の葉のつけ根から出てくる、小さい蕾（側花蕾《そっからい》）の2タイプの収穫を楽しめます。側花蕾は蕾は小さいものの、茎の部分が柔らかくておいしいのが特徴です。

そのため、家庭菜園で作るなら、頂花蕾の収穫だけでなく、側花蕾の収穫も楽しんでほしいものです。しかし、どんなブロッコリーでも側花蕾を収穫できるわけではないことをご存じでしょうか？

ブロッコリーの品種には、頂花蕾の収穫後、側花蕾が出ない（または出にくい）品種もあります。こうした品種は、「頂花蕾専用品種」と呼ばれ、カタログやタネ袋などにも表示されているので、タネや苗を購入する前にチェックします。側花蕾も収穫したいときは、両方の蕾を収穫できる「側花蕾兼用品種」を選ぶとよいでしょう。

側花蕾をたくさん収穫したい場合は、9月上旬までに植えつけを終えましょう。植えつけが遅れると頂花蕾の収穫が遅くなり、側花蕾を収穫できる期間も短くなります。植えつけ後は追肥をして根張りをよくし、頂花蕾の収穫を早めましょう。頂花蕾の収穫後も、お礼肥《れいごえ》として化成肥料を株の周囲に追肥し、しっかり栄養補給します。

豆ワザ！

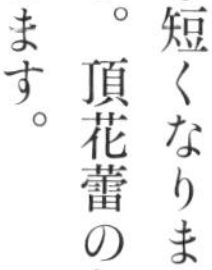

茎の部分もおいしい！

ブロッコリーの頂花蕾を収穫する際は、茎の部分を10〜12cmと長めにつけて包丁で切る。茎の部分も柔らかく、甘みがあっておいしい。ただし、茎を長めに切ると、その分だけ側花蕾の発生が少なくなるのでほどほどに。

スゴ技91

【ハクサイ】

マルチ穴を1つとばして、直まきで！

ハクサイの栽培では、地温を高め、病害虫を予防して良質な球を作るため、マルチを張って栽培しましょう。気温が下がる時期からの栽培なので、黒マルチより保温性が高い透明マルチが適しています。30㎝間隔で2列の穴があいたものが、タネまきや植えつけをしやすいのでおすすめです。ただし、十分な株間をとるため、1穴とばして、60㎝の株間を確保しましょう。直まきの場合、8月下旬～9月上旬、マルチの穴を1つとばしにして各穴3粒ずつタネをまいていきます。

タネまきから約2週間、本葉が3～4枚になったら、各穴1本に間引きます。その際、株元の穴に追肥をしますが、2回目以降の追肥は、あいている間の穴に施しましょう。葉を傷めることなく、しかも根が伸びた先に追肥ができて好都合です。

スゴ技92

【コマツナ】

手のひらサイズがおいしい

古くは江戸時代から親しまれているコマツナ。栽培日数が短いことから、家庭菜園で

豆ワザ！

結球しなかったら？

ハクサイが結球しなかったとしても抜かないで。本来の柔らかさはないものの、シャキッとした食感で葉もの野菜として鍋料理などで利用できる。また、そのまま春まで育て、とう立ちした菜花（写真）を楽しむ手もある。

も人気の葉もの野菜です。ナスやピーマンなど夏野菜の収穫を10月ごろまで続けていると、その後作はできないとあきらめてしまいがちですが、コマツナなら間に合います。

青果売り場などで見かけるコマツナは、25～30㎝に育ったものですが、コマツナ本来のおいしさを感じられるのは小ぶりのもの。個人的には、手のひらにちょうどのるくらいの長さ（15～20㎝）が、いちばんおいしいと感じます。ぜひ、味の違いを確かめてください。

【ミズナ】

スゴ技 93

葉が折れやすい！ 傷めず収穫するには？

京都の代表的な野菜であるミズナは、シャキシャキした食感が魅力。鍋の具材だけでなく、サラダ用としても人気があります。

ミズナの葉柄《ようへい》は細くて白く、とてもデリケート。収穫サイズの草丈30㎝前後の株は、1株から数十本の葉が伸びているので、1株ずつ引き抜こうとすると、葉が絡まってしまいます。無理やり収穫しても、せっかくまっすぐに育った葉を傷めてしまいます。

そこで収穫のときは、1株ずつではなく、マルチ1穴分をまとめて手で持ち、収穫しましょう。収穫後もバラバラにせず、まとめておくと葉が傷みません。すじまきの場合は、列の端から順に、数株をまとめて持って収穫します。どちらの場合も、白い部分を持つと折れやすいため、葉の緑の部分を持って引き抜くようにします。

マルチ1穴分の株を持ち、まとめて収穫する。白い部分を持つと折れやすいので緑の葉のところを持とう。

【ホウレンソウ】

スゴ技94

10月中旬まきが、いちばんお得！

秋冬どりのホウレンソウは、9～10月がタネまき適期ですが、年末年始や正月に収穫するなら10月中旬まきがおすすめです。

気温の高い9月にまくと、約1か月で草丈20cmほどに育ち、本格的な寒さがくる前（11月上旬）に収穫を済ませないと、葉が大きくなりすぎて堅くなり、味が落ちます。発芽適温は、15～20℃。暑さが苦手なので、発芽率も落ちてしまいます。

一方、10月中旬にタネをまけば、ホウレンソウの栽培に適した発芽や生育の適温になるので、発芽率がアップし、12月には収穫できるサイズに育っています。野菜が高騰するお正月の時期にも利用でき、そのうえ、その後の寒さで生育がゆっくりになるため、翌年3月上旬までの長期間、収穫を続けられます。

この時期のホウレンソウは、冬の寒さに当たって葉の甘み、うまみが凝縮するので、おいしさもぐんとアップします。また、2月中旬以降は草丈30～50cmと株全体が大きくボリュームアップします。葉も大きく、太い茎の部分も食べられるので、1株からの収量を考えると、とてもお得です。

栽培のポイントは、寒さとの勝負です。10月中旬は気温が下がっているので、タネまきの際は穴あきマルチを張り、不織布をべたがけして、保温と保湿を心がけましょう。12月に入った時点で草丈が15～20cmに伸びていなかったら、そのままでは年末の収穫も

難しくなるので、穴あきの保温用シートをトンネルがけして温度を上げ、生育を早めるとよいでしょう。

【レタス】

スゴ技 95

最大の敵、アブラムシから株を守る！

結球や半結球、結球しないタイプなど、さまざまな品種がそろうレタス。特にリーフレタスなどの非結球タイプは、苗を植えつければ30〜40日で収穫でき、外葉から必要な分だけかき取り収穫できるので、菜園ビギナーには特におすすめの野菜です。

基本的に栽培の手間がかからず、育てやすいレタス類ですが、害虫のなかでは特に、アブラムシがつきやすい特徴があります。一度、アブラムシがついてしまうと、葉裏や成長点などについて増殖し、なかなか防除しにくくなるので、初期のうちに対処するのが賢明です。また、日当たりや風通しをよくすることはもちろん、植えつけ直後から防虫ネットをトンネルがけして苗を守りましょう。防虫ネットは、アブラムシが入れない0.8㎜以下の目合い（網目のサイズ）のものを使用し、害虫の侵入を防ぎましょう。

ただし、防虫ネットをかけっぱなしにしておくと、トンネル内部に害虫がいた場合、繁殖しやすいので、ときどき外して株の様子を確認し、害虫がいれば取り除きましょう。収穫の1週間前に外して風通しを図るとよいでしょう。

防虫ネットの選び方

目合い	防げる害虫の目安
1.0㎜	アオムシ、ヨトウムシ、コナガ類など。
0.8㎜以下	上記のほか、アブラムシ類、体長1㎜以下の微小害虫など。
0.6㎜以下	上記のほか、体長1㎜以下のハモグリバエ類など。
0.4㎜以下	上記のほか、コナジラミ類、アザミウマ類など。

【タマネギ】

スゴ技 96

苗を水につけ、やや深植えにする！

冬越し野菜として真っ先に名前が挙がるタマネギ。キッチンの常備野菜として、いつもストックしておきたい野菜です。タマネギの栽培は、8～9月にタネをまいて育苗し、11月中旬～12月上旬に植えつけます。育苗が難しい場合は、園芸店やホームセンターなどに出回る苗を入手して、植えつけてもよいでしょう。

立派なタマネギを収穫するには、苗をしっかり根づかせて冬越しさせることが大切です。それには2つのコツがあります。

1つ目は、苗の根を水につけてから植えつけること。水につける際は、根の部分だけを10～15分つけて吸水させるのがコツです。根を水につけることで新しい根が伸びやすくなり、根づきもよくなります。水につけると根が筆状になってまとまるので、植えつけの作業がしやすくなるメリットもあります。

2つ目は、植えつけの際、植え穴の底にしっかりと根を入れること。根の先が上向きだと根づきにくくなります。また、根が地上部に出ていたり、土に密着していなかったりすると、乾燥したり、倒れたりして枯れることもあるので注意しましょう。植え穴に苗をさし込んだら、強めにギュッと株元を押さえ、根と土を密着させます。このとき、苗は、やや深めに植えるのがコツ。浅すぎると寒風や霜柱などで根が浮きやすくなったり、植え穴から株が抜けたりすることもあるので注意しましょう。

タマネギの苗の植えつけ

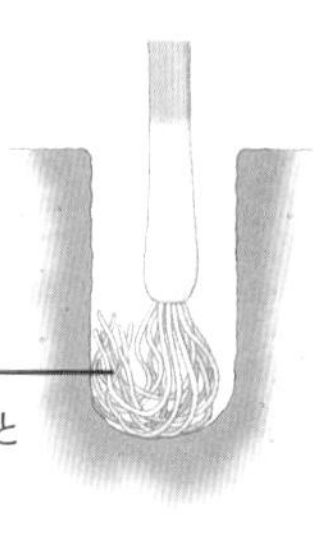
×
根の先端が上向きになると根づきにくい

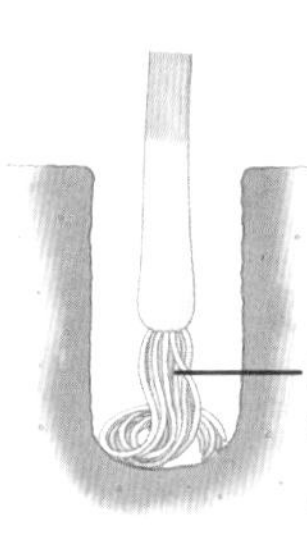
◎
根をまとめ、植え穴の底に入れる

スゴ技 97

秋に植えられなかったら、春でも間に合う！

タマネギの植えつけ時期なのに、苗を植えられない、という話をときどき聞きます。予定の場所で前作が終わらずに間に合わなかったり、市民農園の借用期限の関係で冬越し野菜の栽培ができなかったり……。

タマネギの植えつけは、11月中旬～12月上旬。植えつけてから畑で冬越しさせるのが普通ですが、前述のような場合は、ぜひ春植えをお試しください。春植えのタマネギは、秋植えに比べてやや小ぶりですが、それでも立派な球ができるので、秋植えが間に合わなかったとき、苗が余ってしまったときなどにおすすめです。ただし、紫タマネギは、収穫後の保存が難しく腐敗しやすいので、黄玉のタマネギで行いましょう。

苗は、流通している秋のうちに入手し、野菜用培養土を入れた直径9㎝のポリポットに、7～8本ずつまとめて植えておきます（仮植え）。深さなどは畑に植えるときと同様です。そのまま春まで、日当たりのよい屋外で管理しましょう。土が乾燥したら適宜水やりをして、乾燥させないように注意します。

畑に植えつけるのは3月上旬～中旬、これは遅れないようにしましょう。普通のタマネギ栽培同様に土作りをして、15㎝間隔に穴のあいた黒マルチを張り、苗を植えつけます。植えつけの方法は秋植えの場合と同じです。追肥は3月下旬に1回行い、6月ごろ、地上部の葉が倒れてきたら収穫できます。

収穫のタイミングは秋植えと変わらない。葉が倒れてきたら収穫しよう。

スゴ技 98

【ラッキョウ】

深植えにすると、エシャレットが美味！

ラッキョウの栽培は、タネ球と呼ばれる球根からスタートします。球根はバラバラにしたものを、1〜2球ずつ15㎝間隔で植えますが、このときやや深め（5〜6㎝）の位置まで土に押し込みます。

やや深植えにし、しっかりと土寄せすることで、球根の上の部分（葉鞘部）も土に埋まって軟白《なんぱく》されるため、その部分もみずみずしく、よりおいしく食べられます。特に若どりのエシャレットで収穫すると、おいしさがいっそう際立ちます。

浅植えは球根に光が当たって緑化し、品質が低下するので避けてください。

スゴ技 99

【ソラマメ】

アブラムシは早めに退治！

ソラマメ栽培に付き物なのが、アブラムシ。春になり、気温が高くなってくると、どこからともなくアブラムシがやってきて、いつの間にか、枝じゅうにびっしりついていることがあります。

エシャレット。深植えにすると、ふくらんだ球の上の白い部分もみずみずしく、おいしく食べられる。

アブラムシは、まず翅《はね》のある親アブラムシが飛んできて数が増えるので、数匹見つけた時点で確実に取り除き、増殖を防ぎましょう。おすすめなのは、噴霧器やジョウロなどの水を勢いよくかけて、洗い落とすこと。

また、アブラムシは枝の上のほうの細い部分によくつきます。先端は枝が充実していないため、花が咲いても、よいさやはつきません。アブラムシがつく前に、予防として枝先を10㎝ほど摘心してしまうのも手です。

【エンドウ】

スゴ技 100

秋に忘れたら、春にまくべし！

さやごと食べるキヌサヤやスナップエンドウ、豆を食べるグリーンピースなど、いろいろな楽しみ方ができるエンドウの仲間。本来のタネまき（植えつけ）適期は、10月中旬～11月ですが、秋にうっかり忘れてしまったら、春からの栽培も可能です。秋作よりは、収穫量は減るものの、春作でも甘くておいしいさやを収穫することができます。

春作の場合は、暑さがくる前に収穫を済ませたいので、タネまき（植えつけ）は3月に行います。タネ袋などを確認して、春作できる品種を選び、ポットにまいて育苗するのがおすすめです。4月になったら畑に植えつけ、スクリーン仕立て（30ページ参照）などで株を支えましょう。

まだある!

野菜別 豆ワザ集

豆ワザ! 花キュウリを楽しもう

キュウリはのちのちの生育をよくするため、一～五番果は早々に取り除く「摘果」をしましょう。この摘果キュウリは、長さ3～4㎝のミニチュアサイズのキュウリの雌花で、「花キュウリ」とも呼ばれ、和食の彩りに利用されます。家庭でも食卓で活用してください。

花キュウリ。摘花後は捨てずに、料理に季節感を添えよう。

豆ワザ! シソは枝ごと収穫しよう

青ジソは使う分だけ葉を1枚、2枚と収穫してもよいのですが、畑が遠いときは面倒なもの。そんなときは枝ごとばっさり切って持ち帰りましょう。水にさしておけば日もちするので、使うときに葉をむしればよいのです。

豆ワザ! ラッカセイは収穫後に仕分けを

生のラッカセイはなかなか手に入らないので家庭菜園ならではの野菜。収穫したらすぐにゆでたり炒ったりして味わいますが、その前に完熟度をチェックして仕分けをしましょう。網目模様のくっきりしている完熟さやと、模様のデコボコが浅い未熟なさやを一緒にゆでたり、炒ったりすると、未熟なさやは縮んだり焦げたりして、食べられなくなります。仕分けをしたら、保存のきかない未熟なさやから先に食べましょう。

完熟したものは、さやの網目模様がくっきりする。

豆ワザ! ホウレンソウやニンジンは街灯に注意

ホウレンソウやニンジンなどは長日性といって、日照時間が一定より長くなり、夜が短くなると花芽を作る性質をもっています。太陽の日ざしだけでなく、夜間の街灯の明るさも影響するため、畑の近くに街灯がある場合は、近くに植えないようにしましょう。

豆ワザ! サトイモはタネイモ用に保存できる

収穫したサトイモは地中に埋めて春まで保存し、翌年のタネイモにできます。収穫後のイモは茎を切り落とし、子イモを親イモにつけたままにします。イモを並べられる大きさで深さ50㎝ほどの穴を掘り、イモを逆さに並べます。土を埋め戻し、20～30㎝土を盛り上げて、穴をすっぽり覆える大きさのビニールシートをかけて押さえておきましょう。これで雨が入り込まず、春まで保存できます。

茎の水分がイモに入らないよう、切り口を下にして並べると腐りにくい。

豆ワザ!

収穫後のキャベツの茎に、十字の切れ込み

キャベツやレタスなどの結球野菜は、株元から包丁で切って収穫します。キャベツの場合、収穫後の株の外葉を切り落とし、茎に包丁で十字の切れ込みを入れておくと、約1か月で水分が抜け、ラクに引き抜けるようになります。ただし、レタスの場合は、収穫後もそのまま根を張り続け、どんどん抜きにくくなります。早めにスコップで掘り上げて処分しましょう。

次作まで1～2か月余裕があるなら、切れ込みを入れて乾かそう。

豆ワザ!

ブロッコリーは柔らかい葉も食べる

ブロッコリーは花蕾を食べるだけ、という方が多いと思いますが、柔らかい若い葉も食べられます。ゆでたり、炒めたりして加熱すると、タカナにも似た、甘い味わい。ぜひお試しください。

豆ワザ!

ホウレンソウは中耕で立枯病を予防

ホウレンソウは多湿に弱く、水はけが悪いと立枯病《たちがれ》が出やすい野菜。発芽後や間引きの際にも中耕をして、根に酸素を送りましょう。水はけの悪い畑では15㎝ほどの高畝で栽培するのがおすすめです。

豆ワザ!

ニンニクはタネ球のつけ根をはがす

ニンニクの栽培はタネ球と呼ばれる球根からスタートします。まずは、タネ球を一片一片に分けます。ニンニクのお尻（先端の反対側）には、各片をまとめている堅いつけ根がありますが、この部分をていねいに取り除きます。つけたまま植えつけると、根が出にくくなり、その後の成長が悪くなる傾向があるので、少しだけ手間はかかりますが、なるべくていねいに取り除くのが理想です。

ここの堅い部分をはがし取る。

あとがき

野菜作りの楽しさは、まるで子育てをするかのように、タネや苗が元気に生育していく様子を見守り、成長を見届けることです。タネが発芽したときの肉厚の2枚の双葉は、野菜がこれから元気に育とうとしている証し。もちろん、作り手はその成長を手助けするという責任を与えられたわけです。

本書では、私が約10年をかけてＮＨＫ『趣味の園芸 やさいの時間』の番組やテキストにおいて講師を担当させていただいた経験や、農業体験農園「百匁の里」の会員である多くの作り手の皆様の栽培の成功・失敗談、そのときどきに起きる気象条件の悪さなどをもとに考え、常日頃から工夫を重ねた栽培のコツを、１００の技として紹介しています。これから栽培される皆様が野菜の成長を手助けできるように、少しでもお役に立てていただけると幸いです。

畑作業をしていると、その場面で特に頭に浮かぶ言葉があります。技の一つとして紹介しているものを含みますが、一部を紹介させていただきます。

「クワ1本　何通りもの　使い道」

クワは、側面で畝をならせばレーキや塩ビ管の代わりになり、畝の角を削って傾斜をつければマルチを張りやすくすることができ、柄で土を押せばタネをまく穴をあけることもできます。掘る・耕す以外にもさまざまな使い道ができる道具。ぜひ使いこなしてください。

「暑い夏　寒い冬　人も野菜も同じかな」

暑さ寒さは野菜の生育に大きな影響を及ぼします。しかし、野菜は暑くても寒くても家の中には入れません。人の手で夏は遮光ネット、冬は保温資材をかけてあげましょう。

「話せない　野菜の身助け　先回り」

野菜は人の手を必要としています。間引き、誘引、土寄せ、中耕、摘心、摘果、害虫、強風など、野菜が話せない分、事前にその状況を察知して、手入れをしてあげましょう。

「畝作り　つらいと思うな　収穫のため」

最初に行う土作りや畝作りは体力的につらく、とても地味な作業です。しかし、よく育ったときの野菜を思い浮かべながら楽しく作業すれば、つらい気持ちが軽くなります。

「スピード感　春の栽培　秋の準備」

春は右肩上がりに気温が上昇していく季節です。栽培できる野菜もバラエティー豊かで、収穫までもあっという間。反対に、秋は気温が右肩下がりで、タネまきが1日遅れると1週間以上収穫が遅れ、タネまきが1週間以上遅れると収穫は1か月から2か月以上も遅れてしまうことがあります。秋の栽培計画は、スピード感をもって立てましょう。

本書との出会いを多生の縁とし、少しでも栽培テクニックを磨いていってください。また、これからも皆様が生きがいややりがいを感じながら野菜作りをされ、そして日頃より本書を畑の友としていただければと願っております。

加藤正明

加藤正明

かとう・まさあき／東京都練馬区農業体験農園「百匁《ひゃくめ》の里」園主。東京都指導農業士。日本野菜ソムリエ協会ジュニア野菜ソムリエ。NHK『趣味の園芸 やさいの時間』では番組開始当初より栽培管理と講師を務め、テキストでは「達人のスゴ技!」を好評連載中。野菜ソムリエ協会主催の第2回ベジフルサミット枝豆部門では最高得点で入賞。その味わいに定評がある。「百匁の里」では開園以来15年近く、野菜作りのノウハウからおいしい食べ方までを伝授している。

デザイン
尾崎行欧
宮岡瑞樹
斎藤亜美
宗藤朱音（oi-gd-s）

イラスト
前田はんきち
山村ヒデト … 作業解説
常葉桃子 … ひもの結び方

撮影
大泉省吾、岡部留美、
上林徳寛、阪口 克、
谷山真一郎、成清徹也、
原 幹和、福田 稔、
丸山 滋、渡辺七奈

校正
安藤幹江

DTP協力
ドルフィン

編集協力
佐久間香苗

編集
渡邊倫子（NHK出版）

かゆいところに手が届く!

野菜作り 達人のスゴ技100

2020年2月20日　第1刷発行

著者
加藤正明

発行者
森永公紀

発行所
NHK出版
〒150-8081
東京都渋谷区宇田川町41-1
TEL 0570-002-049（編集）
TEL 0570-000-321（注文）
ホームページ http://www.nhk-book.co.jp
振替 00110-1-49701

印刷・製本
共同印刷

ISBN978-4-14-040288-7 C2061
Printed in Japan